AF834546

garten
kurz & gut

Erste Schritte zur Selbstversorgung

FRISCHE VIELFALT AUS EIGENEM ANBAU

green PRINT

avBUCH

Liebe Leserin, lieber Leser,

wir freuen uns, dass wir dir mit unserem Buch neue Inspiration liefern dürfen und hoffen, es wird dir gefallen. Weitere Leseabenteuer mit verbriefter Fachinformation findest du auf www.cadmos.de

Wenn du mit uns in Verbindung treten oder deine Erfahrungen teilen möchtest, dann tu das bitte unter: https://www.facebook.com/cadmosverlag, https://www.instagram.com/cadmosverlag oder per Mail an info@cadmos.de

Wir freuen uns schon jetzt über dein Feedback!

ISBN: 978-3-8404-8130-7, Sonderedition „Natur im Garten" ISBN: 978-3-99183-051-1

Viel Freude mit diesem Buch wünscht Ihnen das CADMOS-Team:

Autoren: Katja Batakovic, Anna Leithner, Theresa Bachmayr, Bernhard Haidler, Marlis Pardeller, Martina Wappel

Autorenkorrekturen: Katja Batakovic

Projektleitung/Lektorat: Christine Weidenweber, verbene.eu

Korrektorat: Gertrud Döffninger

Entwicklung „Natur im Garten" Corporate Identity: Artelier Joe Wagner, www.artelier-wagner.com

Covergestaltung, grafisches Konzept und Satz: Gerlinde Gröll, www.gggraphicdesign.at

Coverfotos: Joachim Brocks, Natur im Garten, Autorenteam

Fotos und Illustrationen im Buchkern: „Natur im Garten", Shutterstock.com, fotolia.com, pixabay

Wir übernehmen Verantwortung:

Dieses Buch wurde anhand ausgewählter Qualitätskriterien ressourcenschonend und schadstofffrei in Cadmos Qualität für Sie hergestellt. Das verwendete Papier für Kern und Cover ist FSC®-zertifiziert, der Druck erfolgte CO_2-neutral.
Der Inhalt ist auf Magno matt 135 g/m² mit 1,01 Volumen gedruckt, ein matt gestrichenes Bilderdruckpapier, das die Farben leuchten lässt und dem Inhalt einen hochwertigen Charakter verleiht.
Das Cover wurde auf Peyvida puro 270 g/m² gedruckt, einem Naturkarton mit ansprechender Optik und Haptik.
Auf Laminierung und Einschweißen in Plastikfolie verzichten wir – für unsere Umwelt und unsere Zukunft.
Gedruckt und gebunden wurde dieses Buch in der EU (wir wollen lange Transportwege vermeiden), bei unserem langjährigen, bewährten Druckpartner GRASPO (www.graspo.com).

FSC® www.fsc.org
MIX
Papier | Fördert gute Waldnutzung
Paper | Supporting responsible forestry
FSC® C010798

Product footprint
CO_2 Neutral
PBN-CFMC-059235
www.preferredbynature.org

Uns ist wichtig:

Gender-Erklärung: Alle Geschlechter sollen sich gleichermaßen wahrgenommen und wertgeschätzt fühlen. Im Sinne eines flüssigen Lesevergnügens verzichten wir jedoch auf die Verwendung von geschlechterspezifischen Sprachformen (m/w/d). Sämtliche Personenbezeichnungen gelten gleichermaßen für alle Geschlechter!

Haftungsausschluss: Wir haben den Inhalt dieses Buches nach bestem Wissen geprüft. Für die Richtigkeit der Angaben und eventuelle Schäden, die aufgrund von Beschlüssen und Handlungen, die anhand der gegebenen Informationen getroffen wurden, wird trotz sorgfältiger Recherche keine Haftung übernommen. Im Zweifelsfall ziehe bitte geschulte Fachleute zu Rate.

garten
kurz & gut

Hrsg. NATUR im GARTEN

Erste Schritte zur Selbstversorgung

FRISCHE VIELFALT AUS EIGENEM ANBAU

KATJA BATAKOVIC
ANNA LEITHNER
THERESA BACHMAYR
BERNHARD HAIDLER
MARLIS PARDELLER
MARTINA WAPPEL

avBUCH

NATUR im GARTEN

© M. Wappel

Vorwort

Die gärtnerische Selbstversorgung hat in den letzten Jahren enorm an Beliebtheit gewonnen, allein das Wort ist in aller Munde. Wir freuen uns sehr über diese Entwicklung, schließlich ist der biologische, mit umweltfreundlichen Materialien durchgeführte Eigenanbau auch ein persönlicher Beitrag für eine nachhaltige Zukunft. Frisch vom Beet auf den Teller lautet die Devise, denn was schmeckt besser als die liebevoll gepflegten und sonnengereiften Früchte der Natur?
Wir möchten all jenen, die sich ein Stück Unabhängigkeit wünschen, aber noch nicht wissen, wie und womit sie dabei beginnen sollen und was eigentlich alles möglich ist, einen unkomplizierten Einstieg in dieses große Thema geben. Wir widmen uns beliebten Kulturen wie Kräutern, Gemüse, Obst, aber auch Wildpflanzen, essbaren Blüten und Pilzen. Dabei liegt uns das Gärtnern mit der Natur ganz besonders am Herzen, denn wir leben in einem vielfältigen Wechselspiel aus Mikroben, Pflanzen, Tieren und anderen Lebewesen. Begrüßen wir beim Eigenanbau auch „Mitbewohner" und Mitgeschöpfe, anstatt sie widerwillig zu tolerieren oder gar rabiat zu bekämpfen, profitieren alle davon. Eine harmonische Beziehung zur Natur zu pflegen und unser gärtnerisches Tun mit all seinen Rückschlägen und Höhepunkten vermag uns körperliches und seelisches Wohlbefinden zu schenken.
Gärtnern geht fast überall, ob auf dem Fensterbrett, im Balkonkisterl, Hochbeet oder Hausgarten – wichtig ist dabei vor allem, den Anbau und die Pflanzenauswahl gut auf die eigenen Bedürfnisse und Möglichkeiten abzustimmen. Ein kleiner Selbsttest soll dabei helfen, diese zu ergründen, um ausgerüstet mit dem Wesentlichen rasche Erfolge feiern zu können.
Gärtnern auf dem Fensterbrett bzw. auf dem Balkon verlangt nach anderen Gerätschaften als im großen Selbstversorgergarten für die ganze Familie. Daher zeigt unser Buch, welche Instrumente für welche Umgebung nötig sind. Mit dem richtigen Werkzeug und passenden Gartenhilfen geht die Arbeit viel leichter und freudvoller von der Hand. Pflanzenporträts von unkomplizierten Arten, besonders interessante Sorten und zeitsparende Kulturen machen Lust auf mehr. Falls eine Lieblingspflanze fehlt, gibt es im Buch viele Tipps für weiterführende Informationen und hilfreiche Plattformen.
Gesunde Pflanzen brauchen den passenden Boden und eine fachgerechte Pflege, weswegen wir die wichtigsten Fakten rund um Substrate, Düngung, Bewässerung, Vor- und Mischkultur, Pflanzenstärkung und Pflanzenschutzmaßnahmen aufgreifen. Um die Gartenschätze auch außerhalb der Saison zu genießen und die sommerlichen Ernteschwemmen in schmackhafte Vorräte zu verwandeln, haben wir Tipps zur Lagerung und Haltbarmachung der selbst erzeugten Köstlichkeiten.

Wir wünschen ein inspirierendes Lesevergnügen
und ein fruchtendes Anbaujahr!

Dein „Natur im Garten"-Team

Inhalt

© Margit Beneš-Oeller

Gedanken *vor dem Start*

Mein Einstieg in die Selbstversorgung

Ich gärtnere seit ……………

Zur Selbstversorgung inspiriert hat mich …

Meine Lieblingsplätze im Garten/ auf Balkon oder Terrasse sind …

Mein größter Wunsch für die Selbstversorgung ist:

Schneller Check zum Zeitbudget:

Ich habe …

- ○ weniger als 1 Stunde pro Woche
- ○ 1 bis 2 Stunden pro Woche
- ○ 1 bis 2 Tage pro Woche
- ○ 3 bis 5 Tage pro Woche

für die Gemüsepflege zur Verfügung.

Womit möchte ich beginnen und was interessiert mich (noch) gar nicht?

Ja	Nein	Bezeichnung
○	○	Speisepilzen
○	○	Kräutern und/oder Sprossen
○	○	Wild- und Kulturobst
○	○	Frischgemüse
○	○	Frisch- und Lagergemüse

Praxistipp

Mit weniger als 1 Stunde pro Woche kommst du nur bei sehr anspruchslosen Arten oder am Minibalkon aus, denn Pflanzen brauchen regelmäßige Pflege. Speisepilze wachsen hingegen fast von allein. Sprossen sind in wenigen Tagen genussreif und sehr gesund. Auch einzelne Kräutertöpfchen bringt man – sofern eine regelmäßige Wasserversorgung gesichert ist – mit wenig Zeitbedarf zur Erntereife.

Mit 1 bis 2 Stunden pro Woche kannst du einen kleinen, pflegeleicht gestalteten Balkongarten oder ein paar Hochbeete bewirtschaften. Gemüse braucht hier auch bei kleiner Anbaufläche konstante, regelmäßige Aufmerksamkeit.

In 1 bis 2 Tagen pro Woche lässt sich sogar ein 800 m² Garten schaffen, sofern sich der Gemüseanbau weitgehend auf den Frischverzehr beschränkt und die Anbaufläche für Gemüse 10 bis 15 m² nicht übersteigt.

Hast du Zeit und Lust auf 3 bis 5 Gartentage pro Woche, kannst du an echte Selbstversorgung denken.

Das möchte ich unbedingt anbauen:

Möchte ich allein gärtnern oder gemeinsam mit anderen?

○ allein

○ mit ....

Das essen auch die anderen, die mit mir die Ernte genießen dürfen:

Mein Gartenmotto lautet:

Foto © T. Bachmayr

Selbstversorgung *früher und heute*

Heutzutage ist Selbstversorgung fast schon ein Modewort. Wirft man jedoch einen Blick in die Geschichte der Menschheit, so war sie immer ein wesentlicher und selbstverständlicher Bestandteil des menschlichen Wirkens seit der Sesshaftwerdung in der Jungsteinzeit. Die Kultivierung und Zähmung der wilden Natur, die Urbarmachung von Land, die Entdeckung neuer Getreide- und Gemüsesorten, sprich der Weg von der Wild- zur Kulturpflanze fußt auf jahrtausendealtem Handeln und Wissen. Aufgrund dieser Entwicklung und dem reichen Erfahrungsschatz im Landbau können wir heute aus dem Vollen schöpfen.

Auch heute noch spielt der Eigenanbau in weiten Teilen der Erde eine sehr wichtige Rolle. Viele Menschen haben nach wie vor Zugang zu einem Stück kultiviertem Land oder sind aufgrund mangelnder Versorgung oder ökonomischer Verhältnisse darauf angewiesen.

Menschen in den Industrienationen – zu denen wir gehören – sind quasi am Höhepunkt der baulichen Verdichtung und Versorgung durch den Handel angekommen. Der Anteil an Selbstversorgung hat hier stetig abgenommen und an Wert verloren. Bedeutende Erneuerungen und Entwicklungen in der Gesellschaft, z. B. die Industrialisierung, die damit im Zusammenhang stehende Zunahme an Erwerbsarbeit, die Urbanisierung, Landflucht und dadurch rasch wachsende und sich verdichtende Ballungsräume ließen den Ruf nach Märkten und Versorgungseinrichtungen immer lauter werden. Mittlerweile decken wenige Supermarktketten den größten Versorgungsbedarf der Bevölkerung ab.

Selbstversorgung heute

Und wie sieht es mit der Selbstversorgung bei uns heute aus? Häufig versteht man darunter den eigenen Anbau von Nahrungsmitteln wie Gemüse, Obst und Kräutern. Selbstversorgung kann noch weitergehen:

- Getreide anbauen
- Brot herstellen
- Tierische Produkte erzeugen
- Heilkräuter kultivieren
- Naturkosmetik, Kleidung, Dekorationen, Behältnisse und andere Hilfsmittel herstellen

NATUR im GARTEN *Wissen*

Die Gegenentwicklung

Städtebaulich und vonseiten der Bevölkerung gab es immer auch eine Gegenbewegung zur Industrialisierung. Der Ruf nach der Kultivierung von Land, wohl wissend auch um die therapeutische Wirkung des Gartelns, blieb bestehen. So entstanden im Laufe der Jahrzehnte zahlreiche Initiativen wie Selbstversorgersiedlungen, Kleingartenanlagen, Schrebergärten, Wohnsiedlungen mit Nutzgärten bis hin zu den heute gängigen Gemeinschaftsgärten, Selbsterntefeldern oder der Urbanen Landwirtschaft.

Die Beschäftigung mit Faser- und Färbepflanzen, das Korbflechten oder etwa Schafhaltung kann in einem großen Garten durchaus Platz finden, die Verarbeitung aber bisweilen herausfordernd sein. In den Tropen gibt es den Jausensnack im Bananenblatt, in Osteuropa die Himbeeren am Straßenrand in Körbchen aus Birkenrinde – gerade in Zeiten der Plastikberge in aller Welt und in ihren Meeren sind das nachhaltige Alternativen und ein weites kreatives Feld. Für dieses Buch bleiben wir aber bei Lebens-, Genuss- und Heilmitteln aus dem eigenen Garten und in einem Maß, das Tätigkeiten jenseits des Gärtnerns wie etwa die Ausübung eines Berufs bzw. die begrenzteren Möglichkeiten in modernen (Klein-)Gärten oder etwa Stadtwohnungen mit Balkon einschließt.
Selbstversorgung bedeutet also nicht zwingend, dass man sich zu 100 Prozent selbst versorgt oder von allem unabhängig ist. Im Gegenteil, aus unserer Sicht ist das eher ein utopisches Ziel und in unserer Gesellschaft aufgrund der räumlichen und zeitlichen Strukturen kaum umsetzbar. Aber vielleicht ist das auch gar nicht notwendig. Schließlich sind das Tauschen und gegenseitige Unterstützen ein wichtiger sozialer Bestandteil – nicht nur im Garten.

Lohnt sich das?

Wenn wir uns fragen, ob sich Selbstversorgung lohnt, wird die Antwort ebenso facettenreich sein wie die Gartencommunity. Klein und überschaubar sollte der Einstieg sein, wenn es um Entspannung und die einfache Freude am Tätigsein geht, wenn Bewegung an frischer Luft, Runterkommen und der Kontrast zum stressigen Alltag im Vordergrund stehen. Die natürlichen Wachstumsprozesse zu beobachten, ist nicht nur beim ersten Erleben mit Kinderaugen ein Wunder, sondern auch als erfahrene Gärtnerinnen und Gärtner staunen wir immer wieder, wenn aus dem winzigen Samenkorn zierliche Blüten oder prächtige Früchte werden. Ein Minigarten auf dem Balkon kann uns mit leckeren Kräutern, essbaren Blüten und ausgewählten Gemüsesorten beglücken. Auch wenn die Ernte nicht so üppig ausfällt, so sind die Erfolgs- und Geschmackserlebnisse sehr bereichernd.
Wer freut sich nicht über frische unbelastete Lebensmittel, die direkt vom Balkon oder Garten auf den Teller kommen? Es schmeckt besonders gut, wenn man weiß, was an Material, Pflegemitteln und Mühe drinsteckt. Die Frage „Kompost oder Teller?“ gewinnt an Gewicht, denn es fällt schwer, überschüssig produziertes Gemüse einfach zu entsorgen. Frisches Obst und Gemüse aus dem Garten in den warmen Monaten und eingemachte Kompotte, Marmeladen, sauer eingelegtes oder veredeltes Gemüse während der kalten Monate, leckere Pestos aus Wild- und Küchenkräutern, das eigens gebackene Brot oder Teigwaren – die Ernährung orientiert sich auto-

Bunte, essbare Vielfalt auf dem Teller. © M. Pardeller

Die Sehnsucht nach Ursprünglichem, dem einfachen Leben, die Suche nach Entschleunigung oder wenn es gilt, Ängste vor Krieg, Krisen oder Geldsorgen zu lindern: Selbstversorgung stärkt unsere Selbstwirksamkeit. Das Gefühl, sich ernähren und die Dinge mitgestalten zu können, die Zukunft ein Stück weit in der Hand zu haben, macht uns mental stabiler und widerstandsfähiger. **Als Teil von Werden und Vergehen der gärtnerischen Kreisläufe begleitet uns die Natur auch durch manche Lebenskrise.**

Ernten macht richtig viel Spaß.

© M. Wappel

matisch stärker an der Gartensaison und an den natürlichen Zyklen.
Mit dem Wissenszuwachs steigt häufig auch das Interesse an der Erzeugung von Lebensmitteln, die Achtung vor Gärtnern und Landwirten, aber auch vor der Weisheit der natürlichen Prozesse. Wir können Lebensmittel anbauen, die man im Supermarkt nicht bekommt, Raritäten und lokale Sorten erhalten, Traditionen weiterführen, Lebensstile fortsetzen oder als Gegenpol zur eigenen Kindheit ganz andere ausprobieren. Für viele geht es im Eigenanbau auch darum, biologisch und naturnah zu arbeiten. Der eigene Garten ist so auch ein Beitrag zu einem umweltfreundlichen Lebensstil mit kurzen Transportwegen und geschlossenen Kreisläufen. Wenn der Anspruch an den Grad der Selbstversorgung steigt, weil Ernährungssouveränität und die Unabhängigkeit vom Handel, von Erzeugern und Lieferanten im Fokus stehen, wird Produktivität ein wichtiges Thema. Stabile Erträge, effiziente Arbeitsroutinen und soziale Aspekte des Gärtnerns in Gemeinschaft verbinden sich dann zu einer Wirtschafts- und Lebensweise, die Gärtnern zum Beruf oder zur Berufung werden lässt. Hier braucht es neben Realismus und handwerklichem Geschick auch ein solides gartenbauliches und betriebswirtschaftliches Wissen, damit die romantische Vorstellung vom Leben und Arbeiten im Grünen nicht rascher Ernüchterung weicht. Die ideale Vorbereitung auf den Einstieg in die echte bäuerliche Selbstversorgung ist das Mitarbeiten in einem Betrieb, der als Vorlage für die eigenen Vorstellungen taugt.

Selbstversorger-Gemüsegarten. © K. Batakovic

Die bunte Welt der Selbstversorgung

Selbstversorgung ist ein großer Begriff mit vielfältigen, sehr individuellen Zugängen.

- Vielleicht gehörst auch du zu denjenigen, die nach Antworten zu einer fairen, ökologisch und sozial verträglichen Lebensmittelproduktion suchen, die gern selbst Hand anlegen und Veränderungen vorantreiben wollen oder sich gern mit Gleichgesinnten austauschen.
- Oder möchtest du dich und andere einfach gesund, biologisch, regional ernähren und wissen, was dahintersteckt? Auch wenn körperliche Arbeit ermüdend sein kann und Geduld und Frustrationstoleranz beim Anbau und Verarbeiten von Essbarem gefragt ist, uns gab und gibt das Gärtnern Kraft, Motivation und Zuversicht für unser Tun.

Um greifbar zu machen, wie eine Transformation hin zu einer naturverträglichen und fairen Lebensmittelproduktion gelingen kann, egal ob im großen oder kleinen Stil, möchten wir in diesem Kapitel einen Einblick in die vielfältigen Möglichkeiten und Anknüpfungspunkte geben.

Essbare Gemeinde

Wenn du beim Spazierengehen in einer Stadt oder Gemeinde immer wieder an früchtetragenden Beerensträuchern, duftenden Blühflächen, voll behangenen Obstbäumen oder bunten und zum Naschen einladenden Kräuter- und Gemüsebeeten vorbeikommst, befindest du dich vielleicht in einer sogenannten „Essbaren Stadt“ oder „Essbaren Gemeinde“. Hinter dieser Auszeichnung für Kommunen stehen engagierte Bürgerinnen und Bürger, die im Einklang mit der Natur auf öffentlicher Fläche und für die Öffentlichkeit Essbares anbauen und so die Vielfalt fördern. Angelehnt an das Konzept „Transition Town“ aus Großbritannien entstehen auch hierzulande immer mehr Initiativen und Vereine, die für die Allgemeinheit Wild- und Kulturpflanzen auf öffentlicher Fläche anbauen und pflegen. Jede und jeder darf naschen und Interessierte können sich beteiligen. Durch die Ideen der Bürgerinnen und Bürger und die Unterstützung der Gemeinde entsteht eine große ökologische und kulinarische Vielfalt. Gleichzeitig kommen sich die Menschen beim Tun und Naschen näher und spinnen weitere Ideen für die Zukunft. So kann die Kultur aufblühen, und die Lebensqualität der Bevölkerung sowie die Wertschöpfung in der Region werden gesteigert. Besonders ältere Menschen und Kinder profitieren vom Zusammenhalt und von der Naturerfahrung in der Gemeinschaft. Einerseits sind die Begegnungen und der Austausch zwischen den Generationen sinnstiftend, andererseits das Beobachten und die Fürsorge für die Entwicklung der Pflanzen vom Samen bis zur Ernte. Die Kleinen übernehmen erstmals Verantwortung, und alle haben Freude am Naschen.

> „Sei du selbst die Veränderung, die du dir in der Welt wünschst.“
>
> Mahatma Gandhi/Arleen Lorrance

Anm. der Redaktion: *Das Zitat wird häufig Mahatma Gandhi zugeschrieben, aber es gibt Hinweise, dass die US-amerikanische Autorin Arleen Lorrance eine ähnliche Aussage in den 1970er-Jahren geprägt hat: „Be the change you want to see happen instead of trying to change everyone else.“*

Gemeinschaftsgärten

Auch Menschen, die kein Haus mit Garten besitzen, können Eigenanbau betreiben. In den letzten Jahren sind speziell in Niederösterreich viele Gemeinschaftsgärten entstanden. Diese werden von Vereinen oder Gruppen bewirtschaftet. Die Flächen, auf denen diese Gärten entstanden sind, wurden entweder gekauft, gepachtet, verschenkt oder anderweitig zur Verfügung gestellt. „Natur im Garten“ unterstützt Ge-

Die Gemeinde Kirchberg am Wagram ist als „Erste Essbare Gemeinde“ Niederösterreichs ausgezeichnet und bietet mit dem Schaugarten „Alchemistenpark“ ein tolles Ausflugsziel mit einer großen essbaren Obstvielfalt.

meinschaftsgärten mit Beratungsleistungen und Informationsmaterial zum biologischen Gärtnern.

Gemeinschaftsgarten Altenburg

Beispielhaft möchten wir hier den Gemeinschaftsgarten in Altenburg vorstellen. Dieser wird seit über zehn Jahren rund um ein Wohnhaus in der Rosenburger Straße von den Bewohnerinnen und Bewohnern bewirtschaftet. In Abstimmung mit der Wohnbaugesellschaft wurden im Laufe der Jahre immer mehr Bereiche von der Garteninitiative übernommen. Das vormalige Abstandsgrün um das Wohnhaus wurde sukzessive adaptiert. Als Erstes wurden Gemüsebeete angelegt, deren Fläche sich immer mehr erweitert hatte, sodass frisches Gemüse, Obst, Beeren und Kräuter den Speiseplan der Gemeinschaftsgärtnerinnen und

NATUR im GARTEN *Tipps*

Dokumentarfilm zum Thema „Essbare Gemeinden”

Voices of Transition/Dokumentarfilm von Nils Aguilar
Produktion: Milpafilms, Deutschland/Frankreich 2012

Weiterführende Links:

https://www.kirchberg-wagram.at/tourismus/alchemistenpark
https://www.permavitae.org/projekte/essbare-gemeinden

Der Alchemistenpark auf youtube:
https://www.youtube.com/watch?v=L2MXyprL3N8&t=4s

-gärtner bereichern. Der Spielbereich wurde attraktiver gemacht und beschattet, Obstbäume entlang der Wege gesetzt und die Regenwassernutzung, der Kompost und die Gartenhütte organisiert. Entlang der Grundstücksgrenze zur südlichen Wiese haben Hügelbeete sowie eine erst kürzlich fertiggestellte Gartenlounge einen Platz gefunden. Durch die jahrelange Bodenpflege, z. B. mithilfe von Kompost, Mulchen, Komposttee, konnten die Bodenfruchtbarkeit und damit verbunden auch die Ernteerträge immer weiter verbessert werden.
Selbstverständlich wird ökologisch gegärtnert und in der Anlage befinden sich sehr viele unterschiedliche Lebensräume. Soweit es möglich ist, wird im Kreislauf gewirtschaftet. Die Anlage ist zaunlos und mit den Wiesen und angrenzenden Hecken und

Kleingartenvereine

Kleingärten haben eine wechselvolle Geschichte hinter sich. Bereits 1521 begründete der Kaufmann Jakob Fugger in Augsburg für pensionierte Mitarbeiter die erste Reihenhausgartenanlage. Auch die um 1800 aufblühenden Gemeinschafts- und Armengärten in England, Preußen und Bayern hatten die Lebensmittelversorgung der städtischen Bevölkerung, der Arbeiterschaft oder des Militärs im Fokus.
Nach 1865 entstanden aus dem vom Leipziger Arzt Moritz Schreber konzipierten Spiel- und Tummelplätze für Kinder die Schrebergärten. Die Hungersnöte der beiden Weltkriege ließen die Zahl der Kleingärtner sprunghaft ansteigen. Kleingärten dienten in erster Linie der eigenen Versorgungssicherheit. Häufig wurde in den Nutzgärten der Nachkriegszeit der Anbau von Gemüse, Kräutern und Blumen mit der Haltung von Kleintieren kombiniert. Hasen, Hühner und zum Teil auch Ziegen stellten vor allem in der Nachkriegszeit eine wertvolle Quelle an tierischem Eiweiß dar. Das dafür erforderliche Wissen und die gartenbaulichen Fertigkeiten waren weitverbreitet, Neulinge fanden in den Sparten und Vereinen rasch kompetente Ansprechpartner, und man tauschte sich darüber hinaus mit Saatgut, Pflanzen, Jungtieren und Ernteüberschüssen aus.
Mit steigender Versorgungssicherheit, zunehmendem Wohlstand und dem wachsenden Bewusstsein für artgerechte Tierhaltung wandelte sich die Funktion der Kleingärten vor allem in Westeuropa. Die engen Hasenställe mit ihren Fleischrassen verschwanden und Kleingärten wurden zu grünen Freizeitoasen, in denen sich die Familie erholte, Feste feierte, sich mit Nachbarn und Freunden traf. Aus Gerätehütten wurden Wochenendhäuschen, Gartendesign und Gestaltungsformen erhielten mehr Bedeutung, während Erntemengen und Eigenversorgung zugunsten von anderweitig verbrachter Freizeit und Reisefreude in den Hintergrund rückten. Gartenzwerge, deren „Vorfahren" schon im 13. Jahrhundert als Glücksbringer und Wächterfiguren galten, fehlen wohl in keiner Anlage, nicht immer zur Freude aller.
In den letzten zwei Jahrzehnten stehen Kleingärten in Österreich vielerorts vor der Problematik, zu kostengünstig erstandener Wohnfläche mit artenarmem Abstandsgrün zu werden. Aus den Hütten und Bungalows wurden nicht selten kleine Eigenheime, deren Grünraum vor allem pflegeleicht sein und geschützten Rückzug bieten muss. Mit der Ursprungsidee der Gemeinschaft von aktiven Gartenfans hat das mitunter nur noch wenig gemeinsam – ein Zeichen der zunehmenden Naturentfremdung großer Teile der Bevölkerung. Mittlerweile gibt es in den Kleingartenvereinen viele engagierte Menschen, die mehr Natur in die Kleingärten bringen und eigenes Gemüse und Obst anbauen.

einem Wald verbunden. Eine große Blumenwiese wird zur Förderung der Insekten (u. a. Gottesanbeterinnen) nur einmal pro Jahr gemäht. Nach und nach wurden zahlreiche Vogelnistkästen aufgehängt. In mehreren locker geschichteten Natursteinmauern fühlen sich Smaragdeidechsen und heimische Schlangen wohl.
Auch sozial hat sich die Initiative bewährt; der Garten ist ein beliebter Treffpunkt sowohl für junge Familien mit Kindern als auch für ältere oder alleinstehende Menschen, die in der Anlage leben.

Vielfalt bewahren: Schaugärten für Sortenerhaltung

Schaugärten, die sich der Erhaltung und Vermehrung alter oder seltener Gemüsesorten widmen, sind wahre Schatzkammern. Bereits seit über 30 Jahren gilt die ARCHE NOAH in Schiltern als Vorzeigegesellschaft auf diesem Gebiet. Hier findet sich eine beeindruckende Vielfalt an Sorten, von historischen Paradeisern bis zu seltenen Bohnenarten. Im Waldgarten an der Rosalia setzt man ebenfalls auf Sortenvermehrung und Eigenanbau. Vor allem zu Leguminosen, wie Erbsen und Bohnen, kann Gartenbesitzerin Elke Guttmann viel erzählen und Tipps geben.

Schaugärten, die Genuss und Gartenkunst verbinden

Ein besonderes Erlebnis bieten die Schaugärten, die in der Philosophie der angrenzenden Restaurants verankert sind.

- Im Molzbachhof werden frische Zutaten aus dem Paradiesgartl zu kulinarischen Highlights verarbeitet.
- In Rosenbauchs Restaurantgarten lässt es sich nach einem genussvollen Essen, ebenfalls mit Produkten aus dem eigenen Garten, bei einem Gläschen Wein oder einer Tasse Kaffee im Schaugarten entspannen. Auch Gartenpicknicke und das Gartenfrühstück werden hier angeboten.
- Auch im Wildkräuterhotel Steinschalerhof stehen Produkte aus den eigenen Gärten im Mittelpunkt – hier spielt die Dirndlfrucht eine besondere Rolle und wird in zahlreichen kulinarischen Kreationen verarbeitet.

Vorzeigegärten mit beeindruckender Vielfalt

Manche Schaugärten überzeugen allein durch ihre Größe und die Vielfalt der Beete. Sie geben Anregungen, wie Gemüse und Kräuter im eigenen Garten kombiniert werden können. Von klassischen Reihenbeeten über Hochbeete bis hin zu integrierten Glashäusern – hier gibt es für jede Gartengröße und jeden Geschmack passende Ideen.

Tipps und Tricks verraten unter anderem:

- Die Waldviertler Schaugärtnerinnen Maria Huber und Gitti Watzl aus den „Schaugärten Bienen und Blumen – Maria Huber und Gittis Gartenparadies“
- Familie Fischer im Schaugarten „Hausgarten trifft Naturoase“
- Romana Fischer bei „Scherben, Blüten, Blatt und Feder“
- Familie Schmidt vom „Sonnenkräuterhof Schmidt“

NATUR im GARTEN *Tipps*

Im Schaugartennetzwerk Niederösterreich kannst du dir Inspiration zur Selbstversorgung holen.

Die „Natur im Garten“-Schaugärtnerinnen und -Schaugärtner freuen sich auf deinen Besuch! Die Öffnungszeiten der Gärten sowie Informationen zu den Schaugartentagen findest du unter www.naturimgarten.at/schaugaerten

Die Initiative Gartenpolylog begleitet, berät und vernetzt Gemeinschaftsgärten und Gartenbegeisterte. https://gartenpolylog.org

Selbsterntefelder

Selbsterntefelder stellen für viele Hobbygartenfans ohne Garten oder Balkon eine gute Möglichkeit dar, um auf Fremdgrund ihr eigenes Gemüse anzubauen, zu pflegen und die eigene Ernte aus ökologischem Anbau zu genießen. Die Nutzung von Selbsternteparzellen ist daher besonders beliebt bei Städtern. Das Angebot ist in Städten oder rund um Ballungszentren meist höher als im ländlichen Raum.
Betrieben werden Selbsternteparzellen meist von Betriebsführern aus dem ökologischen Landbau oder von Vereinen. Das Konzept funktioniert in etwa so: Zu Jahresbeginn können interessierte Personen die Übernahme, Pflege und Ernte einer Parzelle für eine Saison buchen. Die Saison startet witterungsabhängig im April oder Mai und läuft meist bis November. Ab Saisonbeginn können die Nutzenden entweder auf einem leeren Feld selbst Gemüse anbauen, meist aber eine bereits vielfältig bepflanzte Gemüseparzelle übernehmen. Ab diesem Zeitpunkt sind sie für die ökologische Pflege der Kulturen auf ihrer zugewiesenen Parzelle zuständig.

Üblicherweise sind alle Selbsternteparzellen mit derselben Vielfalt an Gemüsekulturen sowie Kräutern und Blumen bepflanzt. Weiterhin gibt es Bereiche, auf denen selbst nachgepflanzt oder gesät werden kann. Nicht selten ergeben sich bei den Gartenarbeiten neue Bekanntschaften. So kann man sich über die Herausforderungen auf dem Feld austauschen und voneinander lernen.
Gerade für Gartenneueinsteiger oder Interessierte, die sich im Gemüseanbau erst einmal ausprobieren wollen, sind Selbsterntefelder attraktiv. Man lernt hier auf relativ einfache Art und Weise, wie viel Auf-

NATUR im GARTEN **Tipp**

Solltest du im Laufe der Saison bemerken, dass das Jäten und Pflegen zu viel deiner Zeit in Anspruch nehmen, so kannst du dir für die nächste Saison einfach etwas für dich Passenderes überlegen.

Viele Betreiber stellen eine Bewässerung, Mulchmaterial, Gartengeräte etc. für die Nutzerinnen und Nutzer zur Verfügung und geben gärtnerische Tipps zur Gartenpflege. © M. Wappel

Die Selbsternteparzelle im Frühsommer: Die Gemüsevielfalt ist bereits zu erahnen. © M. Wappel

Wer im Hochsommer für einen längeren Zeitraum nicht jätet, wird staunen, wie schnell Gräser und Kräuter überhandnehmen können. © M. Wappel

wand hinter einer definierten Fläche und Kulturenvielfalt steckt.

Gute Planung

Damit du viel Spaß am Gärtnern hast, überlege dir Folgendes, bevor du eine Selbsternteparzelle übernimmst:

- Plane ausreichend Zeit für das regelmäßige Jäten ein, am besten wöchentlich bis zweiwöchentlich. Bedenke auch die Zeit für die Hin- und Rückfahrt von deiner Wohnung bis zum Feld und wieder retour.
- Finde zumindest eine zweite Person, der das Gartln Spaß macht und die dich gelegentlich bei der Gartenarbeit auf der Parzelle, beim Verkochen der Ernte oder beim Verspeisen unterstützt. Nach getaner Arbeit an der Frischluft die eigene Ernte gemeinsam zu genießen, macht viel mehr Freude als allein.
- Plane deinen Sommerurlaub im Vorhinein und organisiere dir für Abwesenheiten rechtzeitig eine Vertretung zum Jäten und Ernten.

FoodCoops

FoodCoops sind vergleichbar mit Lebensmittelkooperativen. Hier schließen sich Privatpersonen und Haushalte mit dem Ziel zusammen, Produkte direkt vom Produzenten zu beziehen und dabei auf Saisonalität, Regionalität, ökologische Nachhaltigkeit und soziale Gerechtigkeit zu achten.
Weltweit gibt es diese Bewegung seit Jahrzehnten als Option zu den dominierenden Lebensmittelsystemen und um kleine Direktvermarkterinnen und -vermarkter neben Bioläden und Bauernmärkten zu unterstützen. Die erste FoodCoop Österreichs „Bioparadeis" wurde 2007 in Wien gegründet, der Bestand hierzulande ist mittlerweile erfolgreich auf ca. 80 Standorte angewachsen und verteilt sich auf städtische und ländliche Gebiete.
Der Schwerpunkt der bezogenen Produkte liegt auf biologisch kultivierten Lebensmitteln und geht von Hülsenfrüchten, Getrei-

FoodCoop Hadersdorf-Weidlingau. © M. Pardeller

deprodukten, Saaten, Nüssen, Obst, Gemüse, Ölen, alkoholischen Getränken bis hin zu Kaffee und Kakao. Die Hersteller bzw. Lieferanten können sehr vielfältig sein: Bauern, Bäckereien, Gärtnereien, Imker, Fischzuchtbetriebe, aber auch Erzeuger von ökologischen Reinigungsmitteln und andere. FoodCoops sind selbstorganisiert und werden basisdemokratisch verwaltet, wobei jedes Mitglied Teil einer Arbeitsgruppe ist und zum Erhalt der Gemeinschaft beiträgt. Jede und jeder kann potenzielle Produzenten anwerben und die Palette an Angeboten erweitern. Die Produkte werden in einem für alle Mitglieder frei zugänglichen Lagerraum aufbewahrt, der regelmäßig gepflegt wird. Der Lagerraum einer FoodCoop ist üblicherweise mit einer Zählwaage, einer Getreidemühle, einer Flockenpresse sowie Kühl- und Gefriertruhen ausgestattet.

NATUR im GARTEN *Tipp*

Wenn du Interesse hast, Teil einer Solidarischen Landwirtschaft zu werden oder praktische Erfahrungen auf dem Feld sammeln möchtest, informiere dich auf den entsprechenden Plattformen. Melde dich einfach direkt bei einer Hofgemeinschaft, um sie kennenzulernen.

https://solawi.life/

https://www.solidarische-landwirtschaft.org/startseite

FoodCoops

sind nicht gewinnorientierte, selbstverwaltete Gemeinschaften, die eine Infrastruktur zur Besorgung und Verteilung von fairen und nachhaltigen Produkten (hauptsächlich Lebensmittel) bieten. Alle Mitglieder einer FoodCoop müssen das Recht zur Mitbestimmung haben.

www.foodcoops.at

Solidarische Landwirtschaft

Das Modell der Solidarischen Landwirtschaft (SoLaWi), auch Gemeinschaftsgetragene Landwirtschaft (GeLaWi) genannt, stammt ursprünglich aus den USA. Community Supported Agriculture (CSA) ist die englische Bezeichnung für ein landwirtschaftliches Modell, bei dem Konsumentinnen und Konsumenten direkt in das Hofgeschehen eingebunden sind. Die Gemeinschaft trägt die finanzielle Verantwortung für das Bestehen des Hofes, wird in Planungen und aktuelle Geschehnisse am Hof mit einbezogen und übernimmt anfallende Aufgaben.
Frische und regionale Produkte wie Gemüse, Obst, Kräuter, Getreide oder Blumen werden (meist) in einem Umkreis von nur

Der Gärtnerhof Distelfink betreibt seit 2018 einen BIO-zertifizierten Market-Gardening-Betrieb in Niederösterreich. www.distelfink.bio

wenigen Kilometern wöchentlich für ein Jahr an die Mitglieder verteilt. So gelingt eine weitgehend verpackungsfreie, CO_2-sparende, zukunftsfähige Versorgung mit gesunden Lebensmitteln, die aus einer humusaufbauenden, bodenschonenden und ökologischen Anbauweise stammen.
Vor ca. 15 Jahren wurde das Konzept der SoLaWi durch Ulli und Scott Klein nach Österreich gebracht und auf der Kleinen Farm in der Nähe von Graz in der Steiermark erstmals umgesetzt.

Marktgärtnerei

Ein weiteres zukunftsfähiges Anbausystem in der Gemüseproduktion ist das der Marktgärtnerei. Basierend auf den Prinzipien der regenerativen Landwirtschaft werden auf kleiner Fläche, meist in Bio-Intensivkultur, hochwertige Lebensmittel angebaut und saisonal sowie regional direktvermarktet. Kurze Transportwege, Vielfalt und die Frische der Lebensmittel sind Grundprinzipien der Marktgärtnerei. Zwischen 30 und 50 verschiedene Gemüsekulturen bilden in den meisten österreichischen Marktgärtnereien ein vielfältiges Sortiment ab. Die Betriebsgröße liegt hierzulande meist zwischen 1.000–10.000 m^2. Der Anbau erfolgt mit viel Handarbeit, kleinen Maschinen und speziell adaptierten Werkzeugen, um Bodenverdichtungen zu vermeiden und das Bodenleben vital zu halten. In vielen Betrieben wird die ökologische Vielfalt gezielt gefördert, z. B. durch Wildstrauch- oder Baumreihen zwischen den Feldern bis hin zu zu Agroforst-Systemen, und es wird oft auf chemisch-synthetische Pflanzenschutzmittel und Kunstdünger verzichtet.
Durch Direktvermarktung – etwa über Gemüsekisten – gelangen die frischen Produkte ohne Umwege zu den Konsumentinnen und Konsumenten. Seit 2022 ist der Verein Marktgärtnerei Österreich eine zentrale Plattform für Austausch, Vernetzung und Interessenvertretung.
https://marktgaertnerei.at/

NATUR im GARTEN Tipp

Der GRAND GARTEN in Absdorf (NÖ) ist eine professionelle Marktgärtnerei und zugleich ein Forschungs- und Demonstrationsbauernhof. Alfred Grand hat hier mit VERMIGRAND als regionaler Pionier gestartet und ist nun eine international anerkannte Adresse für hochwertige, torffreie Substrate, Kompostprodukte und Forschung rund um lebendige Böden. Das Unternehmen betreibt eine eigene Wurmkompostanlage und forscht laufend an neuen, regenerativen Lösungen für Gartenbau, Landwirtschaft und Umwelttechnik.

https://grandfarm.at/

Permakultur

Permakultur ist eine spezielle Form der Kultivierung und bedeutet so viel wie permanente bzw. dauerhafte Bewirtschaftung oder Kultur. Das Ergebnis sollen ertragreiche, nachhaltige und selbstregulierende landwirtschaftliche Systeme sein, die im Einklang mit der Natur stehen und den Aspekt der Ganzheitlichkeit berücksichtigen. Die Philosophie der Permakultur liegt in der stetigen Beobachtung natürlicher Ökosysteme, deren Erfassung und Integration in das jeweilige eigene Anbauprojekt.
Das offizielle Permakulturkonzept wurde in den 1970er-Jahren vom Australier Bill Mollison und seinem Schüler David Holmgren ausgearbeitet. Die Ansätze für die Permakultur reichen sehr weit zurück: In Anlehnung an die Anbaumethoden indigener Völker und alter Hochkulturen, dem europäischen Biolandbau und unter Beobachtung natürlicher Prozesse schrieb Holmgren zwölf Gestaltungsprinzipien als Basis für die Permakultur fest, u. a.:

- Erhaltung und Förderung der Artenvielfalt

Permakulturgarten Therme Loipersdorf. © Natur im Garten/M. Liehl-Rainer

- Sparsamer Umgang mit Ressourcen
- Vermeidung von Abfall
- Einsatz erneuerbarer Energien und Ressourcen
- Berücksichtigung der Wechselwirkung zwischen allen Akteuren

Die Permakultur ist heute weltweit vertreten und versteht sich als eine nachhaltige Form der Gestaltung unter Berücksichtigung der drei ethischen Prinzipien:

- **Earth Care –** Sorge tragen für die Erde
- **People Care –** Sorge tragen für die Menschen
- **Fair Share –** Gerechte Verteilung und Nutzung von Ressourcen

Permakultur mit einem Milpa-Beet aus Mais, Kürbis und Bohnen. © Shutterstock/Rasmus S

Gemüseanbau im Permakulturgarten. © Shutterstock/Drnooker

Weiterführende Informationen dazu gibt es unter www.permakultur.de.

Der Verein „Permakultur Institut“ wurde 1983 gegründet und hat sich zur beständigsten Organisation der Permakulturbewegung im deutschsprachigen Raum entwickelt.

Flächen- und Zeitbedarf

Mit den Flächen verhält es sich beim Eigenanbau wie mit der Zeit: Nimm dir nicht zu viel vor, sondern setze einen Schritt nach dem anderen, damit die Freude ungetrübt bleibt und die Begeisterung anhält. Starte mit wenigen Pflanzenarten auf einer kleinen Fläche, egal ob auf einem großen Balkon, einer großen Dachterrasse oder im Hausgarten.
Wie viel Zeit man für Anbau und Pflege benötigt, hängt sowohl von der Kultivierungsmethode als auch dem eigenen Erfahrungsschatz ab. Wer nur für den Frischverzehr anbaut, hat nach der Ernte und Zubereitung den puren Genuss. Selbstversorgung im umfassenden Sinn hingegen braucht deutlich mehr Zeit für die Verarbeitung der großen Mengen, für Lagerung und Konservierung. Dabei zählen Einfrieren und Trocknen zu den weniger zeitintensiven Methoden, während Entsaften, Einkochen und Fermentieren ganze Tage beanspruchen können.

Flächenbedarf auf Balkonen

Balkone und Terrassen sind flächenmäßig begrenzt, unterschätze aber nie die dritte Dimension! Pflanzregale, Hängekörbe, Balkonkästen sowie schlanke, effiziente Vertikalbeete können die potenzielle Pflanzfläche schnell vervielfachen und einen wahren Dschungel entstehen lassen. Vor allem urbane Balkone profitieren von der Wärmeglocke der Stadt, sodass sich die Gartensaison in den Frühling und Herbst hin verlängert.

Selbst auf kleinen Balkonen können viele Pflanzen wachsen. © M. Wappel

NATUR im GARTEN Tipp

Grundsätzlich lässt sich mit etwas Einfallsreichtum und Ausstattungsstücken mit Mehrfachnutzung, z. B. einer Wurmkiste als Sitzhocker, von der sonnigen Großstadt-Loggia bis zur schattigen Terrasse überall gärtnern!

Bei überhängenden Balkonen muss besonders auf die statischen Gegebenheiten geachtet werden. Lass dich dazu am besten von der Hausverwaltung oder einem Statiker beraten. Neben dem Gewicht der Gefäße und ihres Inhalts kann sich das Gewicht nach dem Gießen, einem Starkregen oder bei Schneelast sogar verdoppeln.

Wasserbedarf von Topfpflanzen

Eckige Gefäße eignen sich grundsätzlich besser als runde, um den Platz optimal auszunutzen. Stellt man Pflanzen mit ähnlichen Ansprüchen zusammen, schafft das nicht nur ein angenehmes Mikroklima, es lässt sich dann später vielleicht auch eine automatische Bewässerung geschickter

© Natur im Garten/S. Kropf

Hier ein Blick in den Sitzhocker, in welchem sich die Wurmkiste verbirgt. Zum Ernten des Wurmkompostes nimmt man die Kiste heraus.

verlegen. Diese spart vor allem eines: Zeit! Besonders überdachte Balkone und Terrassen sind nämlich auf unsere regelmäßige Wasser- und Nährstoffzufuhr angewiesen. An heißen Sommertagen muss mitunter, trotz gemulchter Erde und hochwertiger Gefäße, täglich gegossen werden. Sichte deswegen schon zu Beginn, ob es einen Wasser- und Stromanschluss gibt/braucht oder wie weit die Wege zum nächsten Wasserhahn sind. Oft braucht es auch während des Sommerurlaubs eine Gießvertretung.

Wie viel Platz brauchst du für dein Projekt?

Ernährungsgewohnheiten, Standortbedingungen und der eigene Anspruch an den Grad der Selbstversorgung beeinflussen den Platzbedarf erheblich, hier exakte Zahlen zu nennen ist schwierig.

- Willst du nicht viel Zeit mit dem Gärtnern verbringen und lediglich ein paar frische Kräuter und Sprossen, einen knackigen Salat oder süße Beeren zum gelegentlichen Naschen ernten, dann sind wenige Balkonkisten und größere Töpfe genug, um ohne viel Planung zu probieren, was gedeiht. Mit einem Hochbeet von ca. 2 m² Anbaufläche geht das noch leichter, weil das Gießen weniger Aufmerksamkeit verlangt als in kleinen Gefäßen. Nach und nach wird die Fläche erweitert und die Zahl der angebauten Arten vergrößert. So tastest du dich an das richtige Maß heran.
- Hilfreich kann auch die saisonale Pacht eines Selbsterntefeldes oder eine Probemitgliedschaft bei einem Gemeinschaftsgarten sein. Hier kann man sich nicht nur einiges von benachbarten Gärtnerinnen und Gärtnern abschauen und Tipps einholen, sondern bekommt auch schnell ein gutes Gefühl für den Flächenbedarf. Bei bestimmten Anbietern kann man zwischen 20 m², 40 m² oder 80 m² Feldgröße wählen, bekommt einen Anbauplan vorgeschlagen und kann sich zusätzlich beraten lassen.

Ein 10 m² Gewächshaus und ein 25 m² Gemüsegarten ermöglichen eine weitgehende Selbstversorgung mit Frischgemüse. © K. Batakovic

- Möchtest du einen großen Teil deines Bedarfs an Frischgemüse und Obst decken, dann brauchst du eine genauere Planung. Das gilt umso mehr, wenn du dich das ganze Jahr über an frischen und konservierten Gartenschätzen laben willst. Wäre doch jammerschade, wenn du nach ein paar Jahren einen großen Teil deiner Ernte wieder kompostieren musst, weil die zahllosen Marmeladen noch immer im Regal stehen oder das Gemüse in der Tiefkühltruhe einfach vergessen wurde. Einige von uns können ein Lied davon singen! Wenn du das vermeiden willst, notiere dir einige Monate lang, wie viel Gemüse und Obst du regelmäßig einkaufst. Bist du eher Frischverzehrer oder greifst du gern zu Eingelegtem? Lassen sich jahreszeitliche Unterschiede feststellen oder landen immer ähnliche Gerichte auf dem Tisch? Hast du Zeit und Lust, deine Tomaten zu schmackhaftem Sugo oder die Kräuter zu Pesto zu verarbeiten? Wenn du dich am realistisch eingeschätzten Bedarf deines Haushalts orientierst und dir überlegst, was davon du selbst erzeugen möchtest, entwickelst du ein gutes Gefühl für die benötigte Anbaufläche.
- Unserer Erfahrung nach lässt sich mit einer Anbaufläche von 25 m² ein dreiköpfiger Haushalt gut mit Gemüse und Kräutern versorgen. Nicht eingerechnet sind hier Wege oder Flächen für Obst. Der Zeitbedarf liegt von April bis Oktober bei 1–2 Tagen pro Woche. Im Winter und im zeitigen Frühjahr ist der Zeitbedarf deutlich geringer. Allerdings fallen Pflege- und Erntespitzen mit der heimischen Urlaubssaison zusammen. Bei einer Vollzeitbeschäftigung verbringt man den überwiegenden Teil der Freizeit mit dem Gärtnern oder der Verarbeitung des Ernteguts. Es ist ratsam, hier die eigenen Bedürfnisse und die der Familienmitglieder mitzudenken und den Grad des Eigenanbaus daran auszurichten.

Ein Nutzgarten, der den Anspruch an eine echte Selbstversorgung mit weitgehender Autarkie von Lebensmittelindustrie und Handel stellt, braucht ca. 150–200 m² pro Person. In dieser Dimension lässt sich die Versorgung mit Frisch- und Lagergemüse, aber auch mit Beeren-/Obst und Nüssen realisieren. Selbstversorgung im engeren Sinne stellt eine Lebensform dar, der Garten wird hier zum Alltagswerk und ist zugleich Lebensgrundlage.

Foto © A. Leithner

Settings:
Anbau- und Beetformen

Fensterbänke

In vielerlei Hinsicht ist die Fensterbank – innen wie außen – ein interessanter Ort für den Start in den Selbstanbau. Material- und Pflegeaufwand sind überschaubar und man kann als Anfängerin oder Anfänger erst mal probieren, ob der Funke überspringt. Gänzlich vernachlässigen sollte man diese kleinen Nischen aber auch als geübte Gärtnerin bzw. Gärtner nicht. Oft sind sie nämlich nur eine Armlänge vom Küchenherd entfernt und ermöglichen die rascheste Ernte von Keim- und Grünsprossen, Kräutern und sogar ausgewähltem Gemüse. Die Erwartungen sollten allerdings von Anfang an auf die Freude des kleinen Frischekicks abgestimmt sein: also das Verfeinern mit kleinen Mengen oder das vorzeitige Abernten von Babyleafs. Erfahrungsgemäß braucht das Indoor-Gärtnern auch etwas mehr Geduld, dafür gärtnerst du bei jedem Wetter gemütlich drinnen.

Die grüne Fensterbank ist darüber hinaus ein höchst dekorativer Hingucker und vor allem für jene, denen kein Garten, Balkon oder anderer Grünraum zur Verfügung steht, auch ein wertvolles Stück Natur. Im Außenbereich sind selbst diese kleinen Oasen wertvolle Trittsteinbiotope und Landeplätze, etwa für Insekten, aber auch Vögel oder gar Eichhörnchen, und machen insgesamt eine beachtliche Fläche aus.

Wohnraum-Gärtnern

Auch die Fensterbank im Wohnraum eignet sich für den Anbau von Essbarem und ist eine erfrischende Abwechslung zum gewohnten Zimmerpflanzendschungel (wobei es auch bei den Zimmerpflanzen

Kräuter gedeihen auch auf der Fensterbank bzw. in Innenräumen.

essbare Kandidaten gibt, wie das Pilzkraut). Einer der wichtigsten Faktoren beim Gärtnern auf der Indoor-Fensterbank ist die passende Lichtausbeute. Entfernen wir uns nur 2 Meter vom Fenster, steht den Pflanzen nur noch etwa ein Viertel der Lichtmenge zur Verfügung. Bei Lichtmangel werden die Pflanzen anfälliger für Schädlinge und Krankheiten, einige werfen sogar die Blätter ab. Wer dunkel haust, legt sich am besten eine Pflanzenleuchte zu, die vor allem rote und blaue Lichtwellen abdeckt, oder schraubt eine solche LED-Birne in eine gewöhnliche Stehlampe. Sehr sonnenexponierte Flächen müssen im Hochsommer gegebenenfalls beschattet werden. Eine permanente Lösung wäre es, einen Teil der Fensterscheibe mit einer Milchglasfolie aus dem Baumarkt zu bekleben.

Einstiegsgemüse und -kräuter für den Indoor-Anbau sind:

- Küchenkräuter
- Pflücksalate
- Mangold
- Wasserspinat
- Spinat

Wer sich nach der ersten Experimentierphase einer größeren Herausforderung stellen will, kann durchaus auch Tomaten, Bohnen oder Chilis im Innenraum ziehen.

NATUR im GARTEN Tipp

Starte ein Regrow-Projekt

Auf der Fensterbank lässt sich dem Gemüse wunderbar ein zweites Leben einhauchen. Probiere das „Nachwachsenlassen" aus: Lege frische Gemüsereste von Frühlingszwiebeln, Lauch oder Kopfsalat (das klappt leider nicht bei allen Gemüsen bzw. Sorten) in ein leicht befülltes Wasserglas. Nach rund zwei Wochen sollten die Strünke bereits neue Blätter nachgetrieben haben. Dann kannst du sie in einen kleinen Topf mit Erde pflanzen und noch etwas weiterernten. Ein genialer Wow-Effekt für Groß und Klein.

Foto © pixabay/mayapujiati

Rettichsprossen. © M. Wappel

Sprossen selbst ziehen

Womit eine ganzjährige Selbstversorgung auf der Fensterbank auf jeden Fall gelingen kann, ist der Anbau von Keimsprossen (Alfalfa, Mungobohnen, Quinoa) und Microgreens (Kresse, Brokkoli, Rettich, Erbsen). Sie enthalten im Vergleich zum ausgewachsenen Gemüse sogar ein Vielfaches an Vitaminen und Mineralstoffen und brauchen wenig Licht und Platz. Mehr Informationen dazu gibt es auf Seite 147.

Speisepilze anbauen

Auch die Kultivierung von Speisepilzen wie Seitlingen und Champignons klappt auf der

Fensterbank. Das ist allerdings eher etwas für Fortgeschrittene, weil hier Vorwissen wichtig ist und Hygiene, Spezialsubstrate, Temperatur und Luftfeuchte eine entscheidende Rolle spielen. Ein Interview mit dem Waldviertler Pilzgarten über den Eigenanbau gibt es auf Seite 174.

Kräutertöpfe aus dem Supermarkt

Kräutertöpfe aus dem Supermarkt werden besonders gern auf der Fensterbank genutzt, sind aber leider oft nicht sehr langlebig. Warum? Das kann etwa an der Sortenauswahl, dem Stress beim Transport und der reduzierten Pflege in der Handelskette liegen. Oft sind die Kräuter in dem kleinen Töpfchen viel zu eng gesät und konkurrieren im rasch ausgelaugten Substrat schnell miteinander. Deswegen teile den gut durchwurzelten Topfballen vom gekauften Basilikum oder Schnittlauch am besten gleich in vier Teile und pflanze sie separat in etwas größere Töpfe mit hochwertiger, torffreier Biokräutererde. So werden aus einem Pflänzchen im Handumdrehen vier und sie haben deutlich bessere Überlebenschancen.

Der Blick nach außen

Beim Gärtnern auf der äußeren Fensterbank ist eine sichere Befestigung der Gefäße das A und O, um auch bei starken Windböen und anderen Wetterextremen niemandem Schaden zuzufügen. Ob Mietvertrag oder nicht, die Fassade sollte bei deinen Vorhaben vor Verschmutzung oder gar Beschädigung verschont bleiben. Recherchiere deshalb nach aktuellen Modellen zu Blumenkastenhalterungen, die auch ohne Bohren montiert werden können und aus witterungsbeständigem und langlebigem Material bestehen, wie Aluminium oder Edelstahl. Deine Outdoor-Fensterbank kannst du mit Balkonkästen oder Töpfen mit integriertem Wasserspeicher oder Untersetzer bestücken. Traust du dich mit Sonnenblumen, Erbsen oder Bohnen in die dritte Dimension, solltest du an gut befestigte Rankhilfen denken.

NATUR im GARTEN Tipp

Fensterbank draußen

Die äußere Fensterbank ist meist etwas nach vorn geneigt und steht über das Mauerwerk, damit Wasser abfließen kann und die Fassade geschützt ist. Das ist vor allem für die Montage von Gefäßen relevant. Die Tiefe variiert abhängig von der Wanddicke und daraus ergibt sich eine schmälere oder recht große Stellfläche.

Gärtnern auf der Outdoor-Fensterbank.

Beobachte, wie viele direkte Sonnenstunden deine Fensterbank am Tag abbekommt und wähle ausgehend davon die passenden Pflanzen aus. Kulturempfehlungen für sonnige und schattige Standorte findest du ab Seite 36.

Pflanzidee

Säe im zeitigen Frühjahr Radieschen aus, die du schon nach wenigen Wochen ernten kannst. Säe dann Pflücksalat nach und lege Samen der Buschbohnen dazwischen.

Balkon und Terrasse

Foto © Natur im Garten/M. Beneš-Oeller

Zugegeben, das Gärtnern in Gefäßen ist anfangs eine Herausforderung. Hat einen aber die Freude am Hochbeet- und Topfgärtnern erst einmal gepackt, eröffnen sich vielfältige Möglichkeiten auch für all jene, denen kein Garten zur Verfügung steht. Der dankbarste Einstieg in die Selbstversorgung auf Balkon und Terrasse ist der Anbau von Wild- und Küchenkräutern. Sie sind gesund, pflegeleicht, lassen sich gut haltbar machen und bleiben problemlos mehrere Jahre im gleichen Topf, sofern der mindestens 10 l Fassungsvermögen hat. Schon eine kleine Handvoll peppt Mahlzeiten auf und es kann laufend geerntet werden.
Neben den mediterranen Klassikern von Rosmarin über Thymian, Lorbeer bis Majoran oder Küchenlieblingen wie Basilikum, Petersilie, Koriander oder Schnittlauch, gibt es auch topfkompatible und wilde Besonderheiten, die man immer öfter auch auf Jungpflanzenmärkten entdeckt oder selbst aussäen kann. Spannend kann es auch sein, einen mit Erde gefüllten Topf eine Saison lang unbepflanzt aufzustellen und zu sehen, welche Wildkräuter sich von selbst ansäen. Dazu zählen u. a.

Auch auf kleinstem Raum lässt sich hervorragend mit dem Eigenanbau von Kräutern, Gemüse und sogar Obst experimentieren. © pixabay/PeterKraayvanger

Vertiefende Informationen zum Gärtnern auf Balkon und Terrasse findest du in unserer Broschüre „Balkon und Terrasse" auf www.naturimgarten.at

Barbarakraut/Winterkresse, Winterportulak/Postelein, Bärlauch, Schnittknoblauch, Sauer-/Blut-/Schildampfer und Vogelmiere.

Den Standort prüfen

Zunächst lohnt sich ein achtsamer Blick auf die eigenen Standortgegebenheiten. Wichtige Faktoren wie Himmelsausrichtung, Statik von Balkonen oder vorhandene Wasser- sowie Stromanschlüsse solltest du dir sorgfältig anschauen. Wenn du passende Pflanzen auswählst, ist der Anbau in sonnigen, halbschattigen oder schattigen Lagen möglich.

Nützliche Fragen sind:

- Welche Töpfe oder Hochbeete möchte ich von der Küche aus besonders einfach erreichen können?
- Bietet sich ein Platz für den vertikalen Anbau an?
- Wo kann ich Erden, Dünger, Töpfe, Mulchmaterial und Werkzeuge verstauen?
- Ist noch Platz für ein kleines Pflanztischchen, wo ich meine Ernte zwischenlagern oder Pflanzen umtopfen kann?
- Muss ich eine Bewässerung einplanen und kann Gießwasser sicher abfließen, ohne Nachbarn zu belästigen oder die Bausubstanz zu schädigen?
- Wo und wie kann ich größere Pflanzrückschnitte praktisch entsorgen/kompostieren?
- Wo bringe ich gegebenenfalls noch eine gemütliche Sitzecke unter, und kann ich hier auch essen, arbeiten oder Gäste empfangen?

Plane auch Blühpflanzen wie Tagetes, Ringelblumen oder Borretsch in Kombination mit Nisthilfen ein, um die wichtigen Bestäuber für eine reichere Ernte anzulocken.

Sonderstandort Kasten, Topf und Kübel

Generell leben Kübelpflanzen unnatürlich beengt. Sie sind Wetterextremen und Temperaturschwankungen besonders stark ausgesetzt. Im Vergleich zum Gartenboden steht ihnen nur wenig lebendige Erde zur Verfügung. Frost, Hitze, Trockenheit, aber auch Starkregen dringen schneller bis zu den Wurzeln vor und stressen die Pflanzen, die dann meistens mehr Pflege brauchen. Aber lass dich nicht abschrecken, denn das Gärtnern auf Balkon und Terrasse hält viele Freuden bereit. Anders als im Garten können Pflanzen mit unterschiedlichsten Ansprüchen hier direkt nebeneinander kultiviert und Töpfe und Kübel immer wieder neu arrangiert werden.
Es gibt Gefäße in allen Größen, Formen und Farben. Bei hochwertiger Erde und richtiger Pflege ist der Pflanze die Optik egal, es gilt nur ein Credo: Je größer das Gefäß, desto besser und immer mit Abzugsloch, um Staunässe zu vermeiden! Eckige Gefäße lassen sich grundsätzlich platzsparender kombinieren als runde. Untersetzer schonen den Bodenbelag und halten wertvolles Gießwasser zurück. In ein größeres Gefäß können auch mehrere Kulturen gepflanzt oder laufend neu ausgesät werden. Wer Stöcke und Rankhilfen in den Topf steckt, kann auch in die Höhe gärtnern.

NATUR im GARTEN Tipp

Rückenschonend gärtnern!

Stelle das Gefäß zuerst an seinen finalen Platz, bevor du es befüllst, dann ersparst du dir unnötiges Schleppen. Montierte Rollen bzw. Untersetzer mit Rollen machen Gefäße mobil.

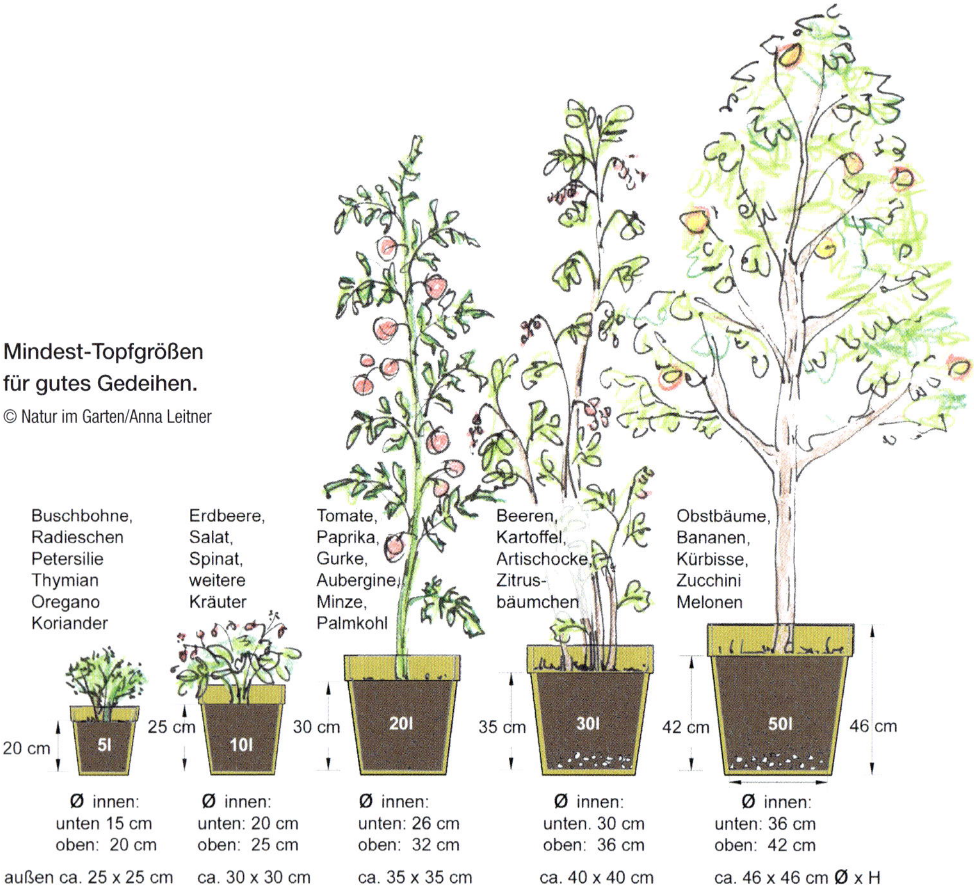

Mindest-Topfgrößen für gutes Gedeihen.
© Natur im Garten/Anna Leitner

Vertikalbeete

Vertikalbeete, im Idealfall mit durchgehendem Erdkörper aus Spezialsubstrat und integrierter Bewässerung, können über die oberen Pflanztassen mit höheren Kulturen oder Klettergemüse wie Erbsen und Bohnen noch verlängert werden. Im unteren Bereich kommen meist schattenverträgliche Gemüse wie Pflücksalate zum Einsatz.

Hängegemüse, -kräuter und -obst gedeihen auch in Pflanzregalen. Auch selbst verbaute Palettenbeete gehören dazu, bieten aber erfahrungsgemäß zu wenig Erdraum für die meisten Kulturen.

Ob als Begrünung kahler Wände, Sichtschutz oder Raumteiler: In die Höhe zu gärtnern ist besonders auf schmalen Balkonen und Terrassen sinnvoll. © Herbios Vertikalgarten GmbH

Tischhochbeete und Hochbeete

Für Balkone und Terrassen eignen sich Tischhochbeete meist besser als normale Hochbeete. Das vermindert zwar wertvollen Pflanzraum, dafür hat man Stauraum für Werkzeug und Materialien gewonnen und schützt den Bodenbelag. Die Entscheidung für ein kleineres Tischbeet fällt in den meisten Fällen ohnehin aufgrund des Platzangebots und/oder Gewichts.

Der schichtweise Aufbau ist bei diesen Beeten reduziert. Es empfiehlt sich unbedingt, einige Abzugslöcher von etwa 1–2 cm in den Boden zu bohren. Damit diese Abzugslöcher nicht verschlämmen, sollte man darüber eine dünne Drainageschicht aus Blähton aufbringen und ganzflächig mit plastikfreiem Gartenvlies, z. B. aus Schafwolle oder Pflanzenfasern, bedecken, damit Wasser abfließen kann und keine Staunässe entsteht. Dann bis knapp unter den Rand mit feiner Pflanzerde und Kompost auffüllen.

Bei knie- oder gar hüfthohen Hochbeeten muss vor allem auf überhängenden Balkonen die Traglast vorab geprüft werden. Durch Starkregen, Bewässerung oder Schneelast kann sich das Erdgewicht nämlich schnell verdoppeln. Hier hat allerdings auch tiefer wurzelndes Gemüse wie Rote Rübe oder Karotte genug Raum für hohe Erträge. Man kann ein Hochbeet durch zusätzliche Rankhilfen in die dritte Dimension verlängern und sogar eine Humusbox oder eine platzsparende Wurmvase eingraben, wo Erntereste und Pflanzrückschnitte an Ort und Stelle kompostiert werden können und so das Bodenleben fördern.

Informationen zu Aufbau, Befüllung und Bepflanzung von Hochbeeten findest du ab Seite 43.

In so einer Wurmvase verarbeiten Kompostwürmer Erntereste zu Humus. Die Wurmvase wird bis zum oberen Rand ins Beet eingegraben. Man kann die Würmer kaufen oder aus einem Komposthaufen entnehmen.

Bei solchen Hochbeeten wird überschüssiges Wasser am besten in die Regenrinne abgeleitet.

Gefäß und Kultur sollten harmonieren

Balkone und Terrassen erwachen erst durch die bunte Vielfalt unterschiedlicher Pflanzgefäße richtig zum Leben. Überlege zuerst, ob du neue Gefäße anschaffen musst, etwas re- oder upcyceln kannst (z. B. alte Holzkisten) oder gebrauchte Gefäße auf Online-/Marktplätzen erwerben möchtest. Generell gilt: Je größer das Gefäß, desto besser. Achte auf die sichere Montage und Outdoor-Tauglichkeit.

Wichtig bei der Anschaffung von Gefäßen:
- Nachhaltige und frostharte Materialien (Terrakotta, Holz, Metall)
- Ausreichend große Abzugslöcher
- Integrierte Wasserspeicher oder passende Topfuntersetzer

Auswahlkriterien für unsere Kulturempfehlungen sind vor allem Topftauglichkeit, Anfängerfreundlichkeit, schnelle Ernte oder unkomplizierte Pflege, laufendes Naschen oder gar ein Wow-Effekt, weil sie den Anbau von Grundnahrungsmitteln erlebbar machen (z. B. Kartoffeln) oder solche, die punkten, weil sie nicht oft frisch im Supermarkt erhältlich sind (z. B. Erbsen).
Alles, was in einem Balkonkasten wächst, wächst auch in größeren Gefäßen und ist dort nicht mehr extra gelistet – die Grenzen sind dabei fließend und der Erfolg kann je nach Sorte und Mikroklima auch variieren.

NATUR im GARTEN Tipp

Plastik

Obwohl sie leicht und praktisch sind – Gefäße aus Kunststoff können zu Mikroplastik zerfallen und Weichmacher freisetzen. Wähle zumindest PVC-freie Recyclingtöpfe, denn auch Biokunststoff kann problematisch aufgrund schwerer Abbaubarkeit sein.

Kulturen für Balkonkästen

- **Sonne bis Halbschatten:** Ampfer, Asiasalate, Buschbohnen, Eiskraut, Feldsalat, Gartenkresse, Gartenmelde, Majoran, Mangold als Babyleaf, Monatserdbeeren, Oregano, Petersilie, Radieschen, Rettich, Rucola, Salbei, Schnittlauch, Spinat, Thymian, Vogerlsalat
- **Schatten:** Mangold und Spinat als Babyleaf, Petersilie, Sauerampfer, Schnittlauch, Vogerlsalat, Walderdbeere, Winterkresse (Barbarakraut)

Kulturen für Töpfe, Kübel, Tröge

- **Sonne bis Halbschatten:** Aubergine, Basilikum, Bohne (Achtung: in knallheißen SW-Lagen anfällig für Spinnmilben), Bohnenkraut, Borretsch, Cocktail-/Tomate, Chili, Dill, Erbse, Erdmandel (Achtung, invasiv: nicht aussamen lassen), Gewürzfenchel, Gurke, Grün- und Palmkohl, Kapuzinerkresse, Kartoffel, Karotte (am besten frühe rundliche, wie etwa „Pariser Markt"), Knoblauch, Kohlrabi, Koriander, Kürbis 'Patisson' (klein, schnellwüchsig), Liebstöckel, Malabar- und Neuseeländer Spinat, Mangold, Melone, Minze (in einem eigenen Topf), Ocra, Paprika, Pastinake (kleinwüchsige Sorten), Petersilie, Salate (auch für den Winteranbau, Pflücksalate lassen sich laufend in kleineren Mengen ernten), Rosmarin, Salbei, Schnittlauch, Schnittknoblauch, Spinat, Süßkartoffel, Tomatillo, Zwergzucchini
- **Schatten:** Bärlauch, Guter Heinrich, Mangold, Rote Rübe in kugeligen Sorten oder als Baby Beets geerntet, Spinat, Walderdbeere
- **Obstbäume:** Säulenapfel Ballerinaform, Dirndl, Feige, Felsenbirne, Säulenkirsche 'Victoria', Marille, Pfirsich, Wein, Zuckermelone
- **Beerenobst:** Erdbeere, Heidelbeere (saure Erde!), Himbeere, Johannisbeere, (stachellose) Brombeere und (dornenlose) Stachelbeere, Physalis/Andenbeere

Jährlicher Erdentausch? – Nein, danke!

Wer eine reiche, gesunde Ernte von vitalen Pflanzen einfahren möchte, muss seinen Boden schützen, pflegen und durch Düngen und Mulchen zurückgeben, was ihm durch Wachstum und Ernte entnommen wird. Aber wie funktioniert dieser delikate Kreislauf im Balkonkasten, Topf oder Hochbeet? Die Antwort: Wir geben unser Bestes. Topfgärtnerinnen und Topfgärtner, vor allem im urbanen Raum, sind auf den Zukauf von abgepackten Pflanzerden angewiesen. Aufgedüngt sind diese Pflanzenerden oft nur für eine Gartensaison, bei stark zehrenden Kulturen erschöpfen sie sich noch früher. Es lohnt sich, von Beginn an zu hochwertiger, torffreier Erde mit einem höheren Anteil mineralischer Komponenten wie Ziegelsplitt oder Tongranulate zu greifen. Jährlich nachgedüngt können solche Substrate mehrere Jahre in Kasten, Topf oder Hochbeet bleiben. Torffrei sollten sie deshalb sein, weil das ein wichtiger Beitrag für den Klima- und Artenschutz ist. **www.naturimgarten.at/torffrei**

Ein wichtiger Aha-Moment für viele Kübelgartenstarter ist der Tipp, gekaufte Pflanzerden vor dem Befüllen durch das Zumischen anderer Materialien wie etwa Holzfasern, Sand, Bims oder Ziegelsplitt an den Bedarf der eigenen Pflanzauswahl anzupassen. Kompost, biologische Hydrogele oder Biopflanzenkohle erhöhen die Wasserspeicherfähigkeit – im Balkon- und Terrassengarten besonders wichtig. Trau dich, Erfahrungswerte sind ein jährlich wachsender Schatz. Für Töpfe, die wenig Gewicht haben und längerfristig mit Obst, Stauden oder klassischen Kübelpflanzen bepflanzt werden sollen, empfehlen sich beispielsweise die unten abgebildeten Mischungen, wobei Gartenerde durch gekaufte Pflanzerde ersetzt werden kann.

Laufende Pflege – und die Sache mit dem Gießen …

Generell benötigt der Anbau in Gefäßen auf Balkon oder Terrasse mehr Fürsorge als im Garten, vor allem, was das Gießen und Düngen anbelangt. Auch ein Rückschnitt ist hin und wieder nötig, fällt aber durch das tendenziell geringere Wachstum weniger ins Gewicht. Gestresste Pflanzen brauchen zusätzliche Unterstützung durch biologische Pflanzenstärkung, die auch vorbeugend erfolgen sollte, mehr dazu auf Seite 101. Man muss erfahrungsgemäß öfter nach dem Rechten sehen und für eine Urlaubsvertretung sorgen.

Rezepte zum Selbstmischen von Kübelsubstraten

Durch die Zugabe von Schafwollpellets wird eine Grunddüngung sichergestellt, während Flüssigdünger nach Bedarf für die laufende Nährstoffversorgung wichtig ist.

Beispiel 1:
- 1 Teil Gartenerde
- 1 Teil Quarzsand
- 1 Teil reifer Kompost

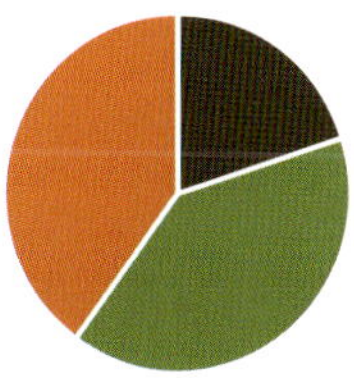

Beispiel 2:
- 1 Teil Gartenerde
- 2 Teile Ziegelsplitt
- 2 Teile reifer Kompost

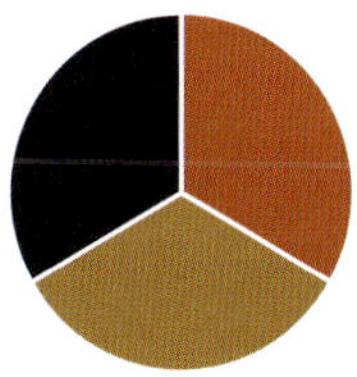

Beispiel 3:
- 1 Teil Tongranulat
- 1 Teil Holzfaser
- 1 Teil Wurmkompost

Im Hochbeet auf der Terrasse lässt sich ein Tröpfchenschlauch gut integrieren.
© S. Streicher

Gießen und Bewässerung

Vor allem Pflanzen auf überdachten Balkone und Terrassen, die keinen Regen abbekommen, müssen regelmäßig gegossen werden. Ausgewogenes Gießen von Topfpflanzen will geübt sein und muss sich oft erst einspielen.

So kannst du dir helfen:

- Gefäße mit Untersetzern verwenden, die Wasser zurückhalten
- Gefäße mit integriertem Wasserspeicher nutzen
- Wasserspeichernde Zuschlagstoffe in die Erde einarbeiten (z. B. Biogele)
- Tonkegel und Ollas (Bewässerungskugeln aus Ton) nutzen
- Automatische Tropfbewässerung installieren und aus einem großen Gefäß speisen (gibt es auch solarbetrieben, ohne Wasser- bzw. Stromanschluss)

© M. Beneš-Oeller

So üppig kann Gemüse in einem Hochbeet auf der Terrasse wachsen, wenn es gut mit Wasser und den passenden Nährstoffen versorgt wird.

NATUR im GARTEN *Tipp*

Wenn du mehrere Pflanzen in den gleichen Topf setzt, kombiniere solche mit ähnlichen Feuchtigkeits- und Nährstoffansprüchen, z. B. Thymian und Oregano (trockenheitsliebend, genügsam) oder Schnittlauch und Basilikum (feuchtigkeitsverträglich, nährstoffliebend).

Düngung

Um das Fehlen eines lebendigen Mutterbodens mit seinen vielfältigen Prozessen der Nährstoffaufschließung zu kompensieren, muss beim Gärtnern in Gefäßen besonders achtsam und konsequent gedüngt werden. Auf naturnahen Balkonen und Terrassen kommen nur Kompost oder andere organische, biotaugliche Düngemittel zum Einsatz – unserer Bio-Ernte und der Umwelt zuliebe. Besonders praktisch für das Topfgärtnern ist das Düngen über das Gießwasser mit organischen Flüssigdüngern. Dazu zählen selbst angesetzte oder käuflich erhältliche Brühen, Jauchen oder Teeauszüge pflanzlichen Ursprungs, die der Pflanzenstärkung dienen. Eine gute Ergänzung dazu sind „Komposttees", Kaltauszüge aus reifem Kompost, die auch in praktischen Säckchen zum Einwirken in der Gießkanne im Handel erhältlich sind. Sie beleben das Substrat.
Die Obstgehölze treiben auf der Loggia um mindestens einen Monat früher aus als im Freiland. Dementsprechend verschieben

Heiß auf Obst? - Ein Erfahrungsbericht

© A. Leithner

© A. Leithner

Auf diesen zwei verglasten westseitigen Loggias, à 2,2 x 3 m, mitten in der Stadt, wird seit 2019 eine beachtliche Vielfalt an Obst wie Weinreben, Marillen, Erdbeeren und eine Himbeere angebaut und unter Glashaus- bzw. südspanischen Klimabedingungen lustvoll experimentiert. An einem ganz besonders heißen Sommertag im ersten Anbaujahr kletterte das Thermometer sogar auf über 50 °C im Schatten, und das trotz voller Öffnung der Schiebefenster und eines über dem Glasdach ausfahrbaren Sonnenschutzes.

© A. Leithner

© A. Leithner

Zu den besonderen Sonnenanbetern und hitzeverträglichen Kulturen zählen die pilzwiderstandsfähigen Piwi-Weinreben in 30–100 l-Gefäßen, zwei Marillen in einem 60-l- und einem 125-l-Trog und einige Erdbeeren. Unser Erdbeerliebling, die Sorte 'Klettertoni', trägt von Frühsommer bis Spätherbst immer wieder superaromatische Beeren, auch an den hochgebundenen Ranken. Sie wird alle zwei Jahre verjüngt, also bewurzelte Seitentriebe werden in frische Erde gepflanzt.

© A. Leithner

© A. Leithner

Die Weinreben ranken an schmalen Weidengerüsten entlang, sind kerngesund bis in den Herbst und tragen jährlich einige Trauben. Die zuckersüße kernlose Sorte 'New York' im 90-l-Topf in einer sonnigen Ecke trug enorm viele Früchte. Sehr gut schmeckt auch der Blaue Muskateller. Die Reben sind pilzwiderstandsfähig (Piwi), profitieren aber auch davon, dass ihr Laub in der Loggia vor dem Regen geschützt ist. Im Winter werden sie auf wenige kurze Zapfen (Kurztriebe mit zwei Triebknospen) bzw. ausgewählte Strecker (Langtriebe mit 6–10 Augen) zurückgeschnitten.

Die Nektarine 'Big Ben' mit wunderschönen großen rosa Blüten und ein Weingartenpfirsich der Sorte 'Mireille' hielten das trockenheiße Klima dort nicht aus und mussten in einen Hinterhof evakuiert werden. Das Laub war durch Spinnmilbenbefall unansehnlich fahl gesprenkelt, schließlich mit Gespinst überzogen und die wenigen, winzigen Früchte ohne Aroma. Ein Versuch, Stangenbohnen neben dem Wein hochranken zu lassen, scheiterte ebenfalls an den Spinnmilben.

sich auch Blüte und Ernte. Noch ohne dieses Wissen wurde eine frühe Marillensorte namens 'Pricia' gepflanzt. Ein Jahr später kam in einem etwas kleineren Topf die Zwergmarille 'Compacta' hinzu, die aber ebenso wüchsig ist wie die andere. Unter diesen Bedingungen wäre eine frühe Sorte gar nicht nötig, denn selbst im Freiland reifen die ersten Marillen bei uns schon im Juni. Der Baum in über 100 l Erde trug 2020 erstmals ein paar Marillen und seither jährlich zwischen 90 und 120 Früchte. Der Baum in 60 l Erde trug im Vergleich 30–40 Stück.

Die Marillensorte 'Pricia' ist eine selbstfruchtbare Sorte, ihren perfekten Erntezeitpunkt zu erwischen, ist allerdings eine Kunst. Die Ernte erstreckt sich auf eine gute Woche und kündigt sich durch feinen Marillenduft in der Vormittagssonne an. Wenn dann über mehrere Tage täglich in der Früh eine Frucht oder auch zwei am Boden liegen, kann man getrost alle abnehmen, bevor sie zu weich werden. Etwa drei Wochen später ist 'Compacta' dran. 'Pricias' Kerninneres ähnelt

Ein betörender, fruchtiger Duft.

So frisches Obst gibt es nur aus Eigenproduktion.

Pfirsichbaum im lichten Schatten.

Süßmandeln, während bei den meisten Marillensorten im innersten Kern Bittermandelaroma vorherrscht.

Exkurs in den Innenhof

Der Pfirsichbaum kommt in einen sommerkühlen Altbauhinterhof fast ohne direkte Sonne, aber mit viel reflektiertem Licht und hellem Schatten aus. Dort trägt er – mittlerweile im 60-l-Topf – immerhin ein paar ansehnliche, durchaus schmackhafte Früchte. Im selben Hinterhof gedeihen auch Himbeeren, und Zimmerpflanzen genießen die Sommerfrische unter freiem Himmel.

Obst in Töpfe pflanzen

Gepflanzt wurde die Marille `Pricia´ in einen etwa 125 l fassenden Topf von rund 50 x 50 x 50 cm, der zuunterst faustdick mit einer Drainageschicht aus Blähton befüllt wurde. Auf ein Vlies als Trennschicht folgte eine weitere Drainage- und Speicherschicht aus Perlit, legiert mit schwarzkörniger Terra Preta. Den Perlit würden wir heute zu einem Großteil durch Bims ersetzen, der über Jahre noch stabilere Körnchen behält, während Perlit allmählich zu Staub zerfällt.

© A. Leithner

Als gute Gesellschaft für die Marille unterpflanzten wir Wald- und Monatserdbeeren, damit es noch öfter etwas zu naschen gibt.

Beide sind porös, speichern Wasser, lassen es aber auch gut versickern. Auf diese Drainage-Schicht wurde Trogerde gefüllt. Ganz oben geht es in eine humosere Schicht über. Wir wollten einen natürlichen Standort imitieren, denn der Plan war, das Bäumchen nicht wieder umzutopfen. Dafür ist ein luftig strukturierter Aufbau mit verzahnten Körnchen notwendig. Gartenerde allein kann mit den Jahren zusammenpappen und sich setzen, ist also nicht strukturstabil.

Hegen und Pflegen

Unsere beiden Marillenbäume trotzen den vorherrschenden Glashausbedingungen, tragen brav Früchte und präsentieren sich – ebenso wie die Piwi-Reben – weitgehend schädlingsfrei und mit sattgrünem Laub bis in den Herbst. Hoffentlich bleibt das so. Bisher bekamen sie im Frühjahr eine dünne Schicht Terra Preta als Startdüngung und im Sommer gelegentlich organischen Flüssigdünger mit dem Gießwasser. Vielleicht vergraben wir künftig zusätzlich kleine Schafwollpellet-Depots entlang der Ränder. Leider ist draußen kein Wasseranschluss vorhanden, was im Hochsommer beinah täglich ein morgendliches Gießritual bedingt, mit insgesamt fast 50 l leicht temperiertem Wasser für beide Loggien gemeinsam. Im Winter wird je nach Witterung und Sonne speziell für die immergrüne Wollmispel und die Zitruspflanzen deutlich weniger benötigt. Dann sind es nur 1–2 Kannen alle paar Wochen, wobei möglichst kein Wasser in den Untersetzern stehen bleiben soll. Weil auf der verglasten Loggia in der Blütezeit noch keine Bienen zu Besuch kommen, machen wir uns zu diesem Zeitpunkt – trotz der Selbstfruchtbarkeit – sicherheitshalber selbst ans Bestäuben der Marillenblüten und bepinseln die Narben in der Blütenmitte mit einer Marillenblüte der anderen Sorte bzw. mit deren Staubgefäßen. Auf einem offenen Balkon oder einer Terrasse kann man sich diese Arbeit sparen, wenn Wildbienen oder Hummeln zu Gast sind.

Hochbeete im Garten

Hochbeete sind auf Balkon, Terrasse wie auch im Garten ein beliebtes Gestaltungselement und für den Anbau einer großen Vielfalt an Obst, Gemüse, Kräutern und Blumen geeignet. Ob in mobiler Edition als Tischhochbeet mit Rollen oder in eine zeitlose Steineinfassung gemauert, bieten Hochbeete durch ihre erhöhte Pflanzfläche besondere ergonomische Vorteile und ermöglichen so auch älteren und körperlich eingeschränkten Menschen das Gärtnern. Erhältlich sind unterfahrbare Modelle für Menschen im Rollstuhl. Sollen auch die Kleinsten schon mitmachen, eignen sich niedrigere Rahmenbeete besser, deren Breite an die kurzen Kinderarme angepasst ist.

Lohnt sich ein Hochbeet für mich?
Ich habe …

- ☐ sehr verdichteten, lehmig-tonhaltigen oder steinigen Oberboden
- ☐ hohen Unkrautdruck
- ☐ viele Schnecken oder Wühlmäuse
- ☐ hartnäckige Frühjahrsfröste
- ☐ körperliche Beschwerden
- ☐ lediglich eine versiegelte Fläche zur Verfügung
- ☐ viel Bauschutt im Untergrund

Je mehr Häkchen gesetzt werden, desto mehr spricht für ein Hochbeet. Nach unten sind Hochbeete am besten offen, damit der Austausch mit dem lebendigen Mutterboden gegeben ist. So können z. B. Regenwürmer bei Hitze und Frost in tiefere Schichten ausweichen und unbeschadet zurückkehren. Dies muss aber nicht sein, wie viele erfolgreiche Urban-Gardening-Projekte zeigen. Kann man sich einen Frühbeetaufsatz oder eine Plexiglasabdeckung leisten, lässt sich der Wachstumsvorsprung von 1–2 Wochen, den Hochbeete gegenüber dem Bodenbeet sowieso schon haben können, noch erweitern. Die Wärme wird hauptsächlich von der Sonne erzeugt, die das Hochbeet von mehreren Seiten bescheint, aber auch schneller austrocknen lässt. Eine kostengünstige Abdeckungsvariante sind alte Holzrahmenfenster. Wichtig ist in jedem Fall eine durchgängige Lüftung. Das lässt sich durch automatische Fensteröffner bewerkstelligen oder durch Abstandhalter, die sich in verschiedenen Öffnungswinkeln fixieren lassen.

Die Befüllung

Hochbeete werden schichtweise gefüllt, ein Erbe ihres Vorgängers, des Hügelbeets. Dieser Aufbau fördert einen aktivierenden, bodenerwärmenden Rotteprozess von unten (der allerdings nach den ersten zwei Jahren verschwindet) und lässt Wasser besser abfließen. Ganz nebenbei kann dadurch auch anfallendes Schnittgut aus dem Garten optimal verwertet werden.

Maße: Länge variabel, nicht wesentlich breiter als die eigene Armlänge, etwa hüfthoch
Material: Hartholz (Lärche, Eiche, Robinie, Douglasie), Weidengeflecht, (Ziegel-) Stein oder Metall.

© Natur im Garten

Hochbeete fügen sich gut in einen großen Garten ein und ermöglichen bequemes Arbeiten.

Mit einem engmaschigen Gitter am Boden werden Wühlmäuse ferngehalten. © K. Batakovic

Hochbeetturm. © M. Beneš-Oeller

Tipp

Torffreie Bio-Erden und Substrate bei den „Natur im Garten" Gütesiegel- und Partnerbetrieben: https://www.naturimgarten.at/natur-im-garten-guetesiegel.html

1 ca. 40 cm hoher „Holzkern“ aus Ästen und Zweigen

2 ca. 20 cm dicke Schicht aus Laub, Häckselgut, Grasschnitt, Grassoden oder ähnlichen verrottbaren Gartenmaterialien

3 ca. 20 cm Grobkompost

4 ca. 20 cm Feinkompost, zur Hälfte mit Erde gemischt, muss jedes Jahr nachgefüllt werden

5 Noppenfolie schützt das Holz vor Feuchtigkeit und verringert die Verdunstung

6 Wühlmausgitter – Boden, Seitenwände bis ca. 15 cm Höhe vor dem Befüllen mit feinem Gitter auslegen und fixieren

7 Drainageschicht – für schwere Böden

8 Holzeinfassungen auf Steinplatten aufsetzen, dies verlängert die Lebensdauer des Holzes

Quelle Grafik + Beschreibung: Infoblatt Hochbeet – Gärtnern in angenehmer Höhe © R. Burger

Weidenhochbeet. © M. Beneš-Oeller

Ziegelhochbeet. © Natur im Garten/M. Beneš-Oeller

NATUR im GARTEN Tipp

Weil die Pflanzen im Hochbeet durch die jährlich aufgefüllte, frische Pflanzerde die besten Wachstumsvoraussetzungen haben, kann man die Pflanzen generell etwas enger setzen als im Freiland, sollte es aber nicht übertreiben.

Für den Anbau von Obst und Gemüse sollte das Hochbeet an einem sonnigen bis halbschattigen und möglichst windstillen Platz aufgestellt werden. Eine Nord-Süd-Ausrichtung lässt die Sonne gleichmäßig über das Hochbeet ziehen und das Pflanzenwachstum fällt regelmäßiger aus.
Die Anlage des Hochbeets nimmt man sich am besten für den Herbst vor, weil hier ohnehin diverser Rückschnitt von Bäumen, Sträuchern und Hecken anfällt. In diesem Fall kann man mit der obersten Deckschicht aus hochwertiger Pflanzerde bis zur Aussaat im Frühjahr abwarten. Vor allem bei der Anlage mehrerer Hochbeete werden für die Befüllung schnell mehrere Kubikmeter Erde und Kompost fällig. Dann ist es ratsam, sich bei einem Gartenbaubetrieb passende Substrate in Big Bags liefern zu lassen oder im Ort nach guter Gartenerde zu fragen. Zahlreiche Gemeinden und Städte bieten Komposte vor allem im Frühjahr gegen geringes Entgelt oder sogar gratis an.
Etwaig vorhandener Rasen muss nicht vorher abgetragen werden, es lohnt sich aber, wenn man wenig Gartenerde für die Befüllung zur Verfügung hat. Die Grassode, gemeinsam mit einem Stück Oberboden in Spatentiefe, kann sehr humusreich sein und belebende Eigenschaften in das Hochbeet einbringen, während sie unten für die Pflanzenwurzeln „verloren" ist.

NATUR im GARTEN Tipp

Humusbox und Wurmvase

Wenn dein Hochbeet groß genug ist, kannst du vor dem Anbau eine dieser beiden Kompostierhilfen ebenerdig eingraben. Küchenabfälle und kleine, weiche Pflanzrückstände, z. B. ausgegeizte Tomatentriebe, können so direkt im Beet kompostiert werden und füttern das Bodenleben.

Wurmvase. © M. Wappel

Das Schöne an Hochbeeten: So viel ist möglich!

Ein Beispiel: Du wünschst dir ein Kräuterhochbeet mit (teils mehrjährigen) mediterranen Kräutern? Dann sollte die gesamte Befüllung mit Tongranulat, Ziegelsplitt oder Bims vermischt sein. So ist sichergestellt, dass das Substrat nicht zusammensackt, und es ist mager genug für diese Bepflanzung.
Pflanzempfehlung: Strauchbasilikum, Oregano, Ysop, Bohnenkraut, Thymian, Estragon, Currykraut, Schnittlauch
Fazit: So ein maßgeschneiderter Oberboden lässt sich im „klassischen" Beet nicht so leicht umsetzen – und: Das nächste Hochbeet kannst du passend zu den Pflanzen darin mit einem anderen Substrat füllen.

Passende Kulturen für Hochbeete

Hochbeete kann man über das ganze Jahr bepflanzen, und durch den mehrwöchigen Wachstumsvorsprung im Vergleich zu Bodenbeeten kann die Anbausaison schon etwas früher beginnen als auf den Saatgutpackungen gelistet. Der Anbau von mehrjährigen Kulturen kann durch das jährliche Absacken der Erde von etwa 10 cm in der Praxis ein wenig umständlich sein. Hier kann man Abhilfe durch den Einsatz strukturstabiler Substrate schaffen, die Ziegelsplitt oder Tongranulat enthalten.

Hochbeete am Hang. © Natur im Garten/M. Beneš-Oeller

Palmkohl gedeiht neben Salaten. © M. Beneš-Oeller

Kraut in Mischkultur mit Roten Rüben.

© Natur im Garten

NATUR im GARTEN Tipp

Kartoffeln im Hochbeet

Kartoffeln lieber in einem ausreichend großen Kübel (ab 30 l) anbauen, da man kleine Knollen übersieht und diese sonst immer wieder neu austreiben. Hier eine Anleitung zum Kartoffelanbau im Kübel, auch als tolles Familienprojekt: https://www.lernenimgarten.at/methode/kartoffeln-im-kuebel-anbauen

Ein Frühbeetaufsatz ist vielseitig nutzbar.

© pixabay/Bernadette

Auf einem klassischen Gartenbeet sind Pflanzen zwar Wind und Wetter aus allen Himmelsrichtungen ausgesetzt, oft aber sogar weniger stark als auf so manchen Hochbeeten. Sind die Pflanzen nicht durch Netze, Vliese oder andere Abdeckungen geschützt, können Extremwetterereignisse wie Hagel, Starkregen oder Stürme starken Einfluss auf das Wachstum und die Pflanzengesundheit haben. Freilandpflanzen im klassischen Gartenbeet bilden dennoch ein gutes und tiefes Feinwurzelwerk sowie robuste Zellen aus, was sie im Allgemeinen sehr widerstandsfähig macht. Der Wasserverbrauch im humosen, dicht bepflanzten und gemulchten Gartenbeet ist geringer als in Hochbeeten oder bepflanzten Trögen, und das spart Kosten.
Auf fruchtbarem Mutterboden in klassischen Beeten lassen sich für die Selbstversorgung optimal Frühbeete für die kälteverträglichen Kulturen etablieren. Natürlich können auch Rahmenbeete, Mistbeete, Kalte Kästen, (Mini-)Gewächshäuser oder kleine und große Folientunnel aufgestellt werden, die sich für die Kultivierung von empfindlichen, exotischen und wärmeliebenden Kulturen anbieten.

Rahmenbeete – praktische Beete auf die Schnelle

Wenn die Rede von der Anlage neuer Gemüsebeete ist, denken viele wahrscheinlich an eine Plackerei mit Umgraben und der Entfernung der Rasenziegel. Es geht aber schneller, rückenschonender und einfacher mit der Errichtung von Rahmenbeeten.

© Natur im Garten

Dazu wird der Rasen für das künftige Gemüsebeet ganz kurz gemäht und die Erde ein wenig aufgefräst.

Danach werden die Holzbretter (ca. 5 cm dick, ca. 30 cm breit) als Rahmen aufgestellt und fixiert, indem links und rechts neben den Brettern zugespitzte Pflöcke einschlagen werden.

Damit Wurzelunkräuter, die sich vormals auf der Fläche befunden haben, es nicht ganz so leicht haben, wieder durchzutreiben, wird eine Schicht mit unbedrucktem Karton aufgelegt.

Um Erde zu sparen und für eine ordentliche Startdüngung zu sorgen, wird in das Beet halbfertiger, unvollständig verrotteter Kompost bis zur Oberkante eingefüllt. Im Anschluss kommt eine Schicht torffreie Biogartenerde dazu. Dabei kann ruhig ein kleiner Hügel entstehen, weil das Material unter der Erde zusammensackt.

Und schon ist das Beet fertig. Als Startkultur empfehlen wir, Erdäpfel einzulegen.

Kompostbeet

Noch einfacher in der Anlage, aber später nicht ganz so komfortabel begehbar ist das Kompostbeet.

Durch das jährliche Mulchen im späten Frühjahr mit Heu und holzigen Materialien wie Hanf, Holzhäcksel oder Rinde auf den

Als Rahmen fungiert hier ein Schneckenzaun. Mithilfe eines Rasenkantenstechers werden Rillen in die Erde gedrückt und der Schneckenzaun montiert. Dann wird das Gras einfach umgeknickt, die Pappe aufgelegt und eine 15–20 cm hohe Schicht reifer Kompost in Beetbreite (z. B. 75 cm) aufgetragen. © K. Batakovic

© K. Batakovic

Die Wege werden mit Miscanthus-, Rinden- oder Holzhäcksel ebenfalls 15–20 cm hoch eingestreut. Sie sollten mindestens 45 cm breit sein, dürfen aber auch doppelt so breit ausfallen, umso bequemer lässt es sich darin werken. Nun kann direkt in die Beete gesät und gepflanzt werden.

Wegen fördern wir vor allem Bodenpilze, die mit den Pflanzenwurzeln nützliche Symbiosen eingehen.

Ergonomisches Arbeiten

Die klassischen Beete haben nicht nur Vorteile: Pflegearbeiten sind vor allem für umfassende Selbstversorger und Gartenprofis körperlich anspruchsvoll. Bücken, Knien, verdreht hockend arbeiten oder andere einseitige und wiederholte Arbeitshaltungen wirken sich auf die körperliche Gesundheit aus. Deswegen ist ergonomisch korrektes Arbeiten besonders wichtig. Dabei helfen

- angepasste Beetbreiten,
- praktische Werkzeuge,
- schonende Arbeitstechniken, z. B. mit geradem Rücken hacken,
- regelmäßige Pausen und Ausgleichsübungen.

Wenn die Temperaturen steigen, spätestens jedoch Ende Mai, wird die ganze Fläche mit Heu gemulcht. Diese lockere Heuschicht darf ruhig 30 cm hoch sein, sie sackt im Lauf der Gartensaison in sich zusammen und ist dank fleißiger Bodenbewohner spätestens zum Winterende verschwunden. Schon nach einem Jahr hat sich der Karton durch die Tätigkeit von Regenwürmern und anderen Bodenlebewesen vollständig zersetzt und das Beet verbindet und mischt sich allmählich mit dem darunterliegenden Mutterboden. © K. Batakovic

Gut zu wissen

Hab keine Sorge, wenn später zarte Pilzköpfe an den Rändern deines Kompostbeets auftauchen, sie verschwinden von allein wieder und zeigen, dass die Bodenpilze ganze Arbeit bei der Zersetzung des holzigen Materials leisten.

Beetbreiten

Eine Beetbreite von 75 cm und eine Wegbreite von 45 cm hat sich für die Selbstversorgung mit Gemüse bei uns bewährt. Bei dieser Beetbreite kann ein Erwachsener mit ausgestreckten, gegrätschten Beinen, mit beiden Füßen am Weg und über die Kulturen gebückt, rückenschonend arbeiten. Das ist zugleich eine gute Dehnungsübung für die hinteren Oberschenkel.
Diese Haltung ermöglicht es, den Rücken unverkrampft ohne seitliches Verdrehen zu halten und die Kraft aus den Beinen zu nutzen. So ist effizientes Arbeiten mit beiden Armen möglich, während Beete und Kulturen nicht betreten werden und damit von Verdichtungen verschont bleiben. Ist das Beet größer, muss man zumindest mit einem Fuß in das Beet hineinsteigen, was schlecht für das Wurzelwerk ist. Das Arbeiten aus der seitlichen Hocke ist nach kurzer Zeit einseitig und unbequem. Ein breiter Weg ist also keine Platzverschwendung und sollte dauerhaft an Ort und Stelle bleiben. Unter dem Trampelpfad darf es zu Verdichtungen kommen. Die benötigten Werkzeuge: Heindl (Gartenkralle), Sauzahn, Pendelhacke, Spaten, Kübel, Erntemesser, Scheibtruhe oder Erntekisten können bei entsprechender Wegbreite unkompliziert abgestellt werden und sind immer in Reichweite.

Nützliche Werkzeuge

In klassischen Beeten können Kleingeräte oder Kleintraktoren zum Einsatz kommen. Sie sind vor allem für die Beetvorbereitung enorm kosten- und zeitsparend. Es gibt eine Vielzahl an praktischen Geräten für den Selbstversorgergarten; wir möchten hier nur diejenigen in aller Kürze vorstellen, die vielleicht nicht alltäglich sind, uns aber als unverzichtbar für den großen Selbstversorgergarten erscheinen.

Broadfork: Die Breitgrabegabel, auch als Broadfork oder „Grelinette“ bezeichnet, ist eine tolle Erfindung und Hilfe im Garten. Sie ermöglicht eine unmotorisierte und zu-

Broadfork. © K. Batakovic

Einzelkornsämaschine. © K. Batakovic

gleich rückenschonende Bodenlockerung, Bodenbelüftung und Beetvorbereitung aus dem aufrechten Stand. Bei richtiger Anwendung – in der Regel im zeitigen Frühjahr oder bei der Beetvorbereitung – lockert sie den Boden, ohne seine Schichten durcheinanderzubringen. Die Grabegabel ermöglicht durch ein geschwungenes Grifrohr aufrechtes Arbeiten auf einer Bearbeitungsbreite von 50 cm. Die 30 cm langen Stahlzinken werden senkrecht in die Erde gesteckt, dann steigt man auf den Querbalken und durch das eigene Körpergewicht drücken sich die Zinken in den Untergrund. Die Erde wird nun durch leichtes Hin-und-her-Bewegen gelockert. Zuvor aufgebrachter Kompost rieselt dabei in die entstehenden Fugen. Eine sanfte Tiefenlockerung und minimale Bodendurchmischung mit intakten Bodenlebewesen sind das Resultat. Sind die Beete gelockert, erleichtert das in Folge auch das Jäten von Unkräutern.

Rillenzieher: Äußerst hilfreich beim Säen und Bepflanzen von Gemüsebeeten ist ein Rillenzieher, auch als Reihenzieher bekannt. Mit diesem Werkzeug, das einem Rechen mit Scharen aus verzinktem Stahl ähnelt, bekommt man gerade Kulturreihen zu-

NATUR im GARTEN Tipp

für Sparsame:

Das Gerät kann auch mit ein bisschen Geschick aus einem Rechen und ein paar Stahlzinken oder Schrauben selbst nachgebaut werden. Wer kostengünstig und auf traditionelle Art geradlinige Kulturreihen hervorbringen möchte, kann sich auch mit einer Schnur, mit Holzlatten oder Ähnlichem helfen.

Der Rillenzieher verhilft zu gleichmäßigen Saatrillen, was vor allem für die Jätarbeiten mit der Radpendelhacke praktisch ist. © K. Batakovic und T. Bachmayr

stande. Auch wenn im Leben und speziell im Garten nicht alles geradlinig verlaufen muss, für die Pflegearbeiten ist es absolut praktisch, ein gleichmäßiges Beet zu haben. Der Scharabstand vom Rillenzieher ist variabel und ermöglicht es, die individuellen Abstände der Kulturen einzustellen.

Pendelhacke: Zum rückenschonenden Jäten empfehlen wir eine Pendel- oder Jäthacke. Auch dieses Werkzeug ist mit einem glatten Holzgriff zum aufrechten, rückenschonenden Arbeiten ausgestattet. Setzt man das schwingende Pendel am Boden an und zieht die beidseitig scharfe Klinge – ohne viel Druck auszuüben – abwechselnd vor- und rückwärts, werden Wurzeln ausgehebelt und die oberste Bodenschicht fein gelockert. Durch die sanften und zügigen Pendelbewegungen ist man mit dem Jätdurchgang rasch wieder fertig. Gejätete Beikräuter können als Mulch am Beet liegen bleiben, denn sie trocknen schnell ab.

© R. Lhotka

Die Pendelhacke kann nicht nur im Gemüsebeet, sondern auch auf Kies- und Schotterwegen sowie auf Grünflächen zum Einsatz kommen.

Radhacke. © Natur im Garten/D. Tüchler

Radpendelhacke: Sollen größere Flächen zum Gemüseanbau bewirtschaftet werden, ist die Radpendelhacke effizienter als die Pendelhacke. Das Gerät wird mit beiden Händen geschoben, das Rad hilft dabei, die richtige Höhe beizubehalten, und das 30 cm breite Pendel wird einfach durch die Erde nachgezogen.

Einachser: Viele Profis in Vielfalts- oder Marktgärtnereien verwenden Einachser, die alternativ zu Kleintraktoren für die Bewirtschaftung von Dauerbeeten von 75–80 cm Breite ausgelegt sind. Auf dem Markt gibt es motorbetriebene, aber auch immer mehr elektrische Modelle. Anbaugeräte wie Fräsen, Kreiseleggen, Grubber oder andere zum Säen, Jäten und Ernten können mühelos auf den Einachser montiert werden. Das Gerät ist aufgrund seines geringen Gewichts leicht bedienbar und äußerst bodenschonend. Der schwenkbare Lenker ermöglicht einen Richtungswechsel am Beetende, ohne dass gewendet werden muss.

Fazit: Ebenerdige Gemüsebeete bieten viel Flexibilität und ermöglichen eine effiziente und zeitsparende Bewirtschaftung. Beet- und Wegbreiten können exakt auf den Standort und die eigenen Bedürfnisse abgestimmt werden. Für die Pflanzen bietet der Anbau im humosen Mutterboden optimale Voraussetzungen für ein gesundes Wachstum.
Vor einer Beetplanung sollte der Boden dennoch genau unter die Lupe genommen werden und die Pflanzen auf den Standort abgestimmt sein. Ausgelaugte oder wenig humose Böden können durch Gründüngung, Kompost, Mulch und eine gute Fruchtfolge verbessert werden. Bodenschädlinge wie Schnecken, Wühlmäuse, Maulwurfsgrillen oder schädigende Nematoden sind im klassischen Beet ein größeres Problem als in einem geschlossenen Setting wie im Trog oder Hochbeet mit Wühlmausschutz. Egal für welche Beetform du dich entscheidest, achte bei jeder Tätigkeit auf eine korrekte Körperhaltung.

Nützliche Links zu Kleingeräten und Gartenwerkzeug:

https://www.hartmann-brockhaus.de/
https://www.manufactum.de/garten-c172792/
https://www.organic-tools.com/
https://themarketgardener.com/

Foto © M. Beneš-Oeller

Gartenbasics:
kompakt und praxisnah

Boden und Kompost

Die Entstehung der heutigen Böden Mitteleuropas begann nach der letzten Eiszeit, also vor etwa 10.000 Jahren, und sie sind das Ergebnis einer langen Entwicklung. Durch den Einfluss von Faktoren wie Wasser, Temperatur, Wind sowie die Einwirkung von Lebewesen ist aus festem Gestein durch Verwitterungsprozesse der Boden entstanden.
Der Boden ist im wahrsten Sinn des Wortes die Basis, die für das Gedeihen aller Pflanzen und somit auch von Obst, Kräutern und Gemüse verantwortlich ist. Gerade weil ein gesunder Boden so wichtig ist, wollen wir einen genaueren Blick darauf werfen, um die Zusammenhänge zu verstehen:
Obwohl der Boden wie ein einheitlicher Feststoff wirkt, ist er doch ein Stoffgemisch aus festen, flüssigen und gasförmigen Stoffen. Die festen Bestandteile sind anorganische Stoffe, nämlich verwittertes mineralisches Gestein, und organische Bestandteile, z. B. Bodenlebewesen, Wurzeln und abgestorbene Pflanzen- und Tierreste. Der flüssige Teil ist Wasser, das sich in den Bodenporen befindet oder an Bodenteilchen haftet.
In ihm sind unterschiedlichste anorganische und organische Stoffe in gelöster Form enthalten.

Bodenarten und ihre Eigenschaften

Böden werden häufig nach ihrer Struktur eingeteilt, die durch die Korngrößen der mineralischen Bestandteile des Bodens bestimmt wird:

BODENARTEN	Bezeichnung	Korngröße
	Steine	Über 20 mm
	Kies	20–2 mm
	Grobsand	2–0,2 mm
	Feinsand	0,2–0,05 mm
	Schluff	0,05–0,002 mm
	Ton	Unter 0,002 mm

Häufig liegen allerdings Mischböden vor. So spricht man z. B. von Sandböden, von lehmigem Sand, sandigem Lehm, lehmigem Ton. All diese Bodenarten unterscheiden sich im Nährstoffgehalt, speichern unterschiedlich viel Wasser und lassen sich schwer oder leicht bearbeiten.

Tonböden: Tonige Böden sind meistens nährstoffreich, sie können gut Wasser speichern, ihr Luftgehalt ist aber gering. Aufgrund ihrer winzigen Bestandteile, die weniger als zwei Tausendstel Millimeter groß sind, haben sie entsprechend kleine Poren, die das Wasser so stark festhalten, dass die Pflanzen selbst dann zu vertrocknen drohen, wenn der Boden noch feucht ist. Tonböden gelten als schwere, kalte Böden und lassen sich weder im nassen noch im trockenen Zustand gut bearbeiten. Im Frühjahr erwärmen sie sich nur langsam. Aufgrund ihrer schlechten Wasserleitfähigkeit neigen sie zur Vernässung und Verdichtung.

Sandböden: Sie haben genau gegenteilige Eigenschaften wie Tonböden, weil die Sandkörnchen, aus denen sie überwiegend bestehen, viel größer sind. Dadurch ergibt sich ein hoher Anteil an großen Poren, die gut durchlüftet sind. Sie nehmen Wasser schnell auf, aber ihr Speichervermögen für Wasser und Nährstoffe ist gering. Die rasche Erwärmung im Frühjahr fördert den Abbau von organischer Substanz dermaßen, dass diese Böden meist humusarm sind. Dafür sind sie tief durchwurzelbar, verdichten und verkrusten nicht so leicht und sind gut zu bearbeiten.

Lehmige Böden: Sie sind für die gartenbauliche Nutzung am besten geeignet. Von Lehm spricht man, wenn sandige, schluffige und tonige Komponenten in annähernd gleichen Anteilen vorhanden sind. Durch ihr ausgewogenes Verhältnis von Grob- zu Feinporen weisen diese Böden einen ausgeglichenen Wasser- und Nährstoffhaushalt auf, sind zudem ausreichend belüftet. Pflegearbeiten gehen daher leicht von der Hand.

Wie viel Sand, Ton und Schluff dein Gartenboden enthält, ist für deine Anbauplanung ein wichtiges Entscheidungskriterium. So kannst du die Bodenart einfach feststellen:

Rollprobe eines lehmigen Bodens.

1 Nimm eine Handvoll Erde, benetze diese und knete sie durch, bis sie gleichmäßig feucht ist.

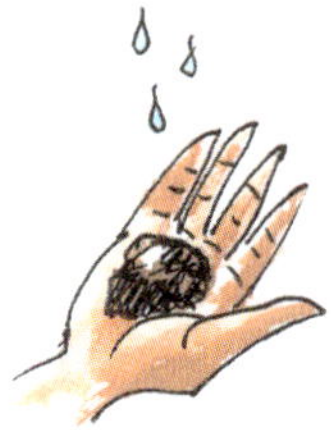

2 Versuche, diese Probe zwischen den Handtellern rasch zu einer bleistiftdicken Wurst auszurollen:

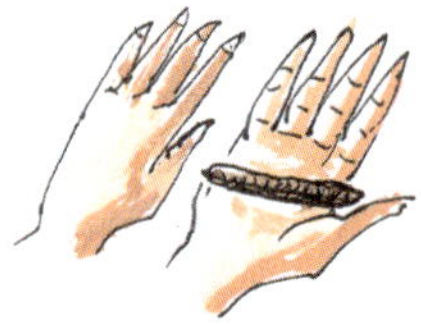

Gelingt das nicht, gehe weiter zu Punkt 3.
Funktioniert es, gehe weiter zu Punkt 4.

3 Zerreibe die Probe zwischen den Handflächen: In den Handlinien ist toniges Material sichtbar: lehmiger Sand. Kein toniges Material sichtbar: Sand.

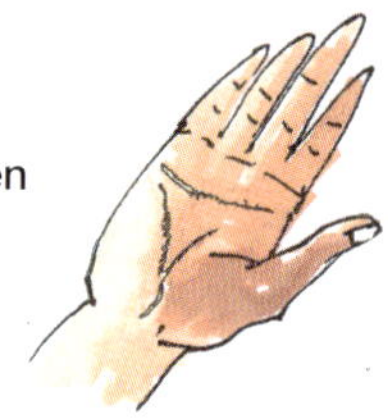

4 Quetsche die Erdwurst zwischen Daumen und Zeigefinger in Ohrnähe:
Knirschen hörbar: sandiger Lehm.

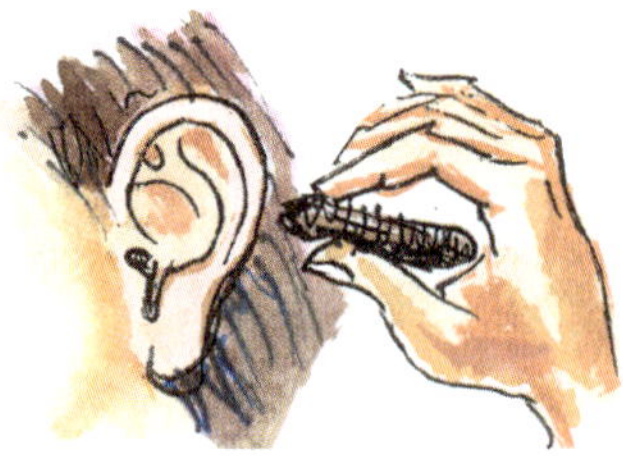

Kein Knirschen hörbar:
Gehe weiter zu Punkt 5

5 Sieht die Oberfläche der Probe beim Quetschen stumpf aus, ohne Glanz: Lehm.

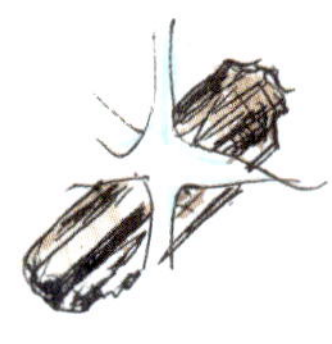

Glänzende Oberfläche:
Ton, gehe weiter zu Punkt 6

6 Prüfe die Probe zwischen den Zähnen:
Sie knirscht: lehmiger Ton.
Butterartige Konsistenz: Ton.

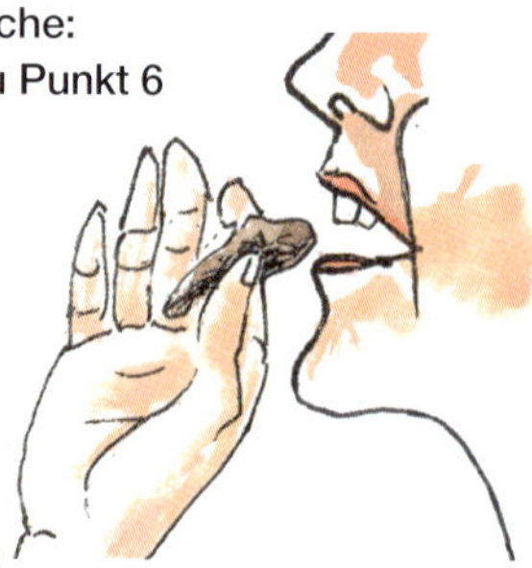

Mischt man alle Teilchen eines Bodens, so erhält man daraus trotz allem noch keinen lebendigen Boden mit stabiler Struktur. Diese Erfahrung machen wir auch beim Selbstmischen von Erden. Was jetzt noch fehlt, ist die spezielle räumliche Anordnung der einzelnen Bodenteile – das Bodengefüge. Am besten lässt sich ein Boden mit einem Schwamm vergleichen. Seine festen Bestandteile werden von einem ausgedehnten Hohlraumsystem, den Bodenporen, durchzogen. Diese enthalten einerseits Bodenlösung, also Wasser mit gelösten Nährstoffen, andererseits Luft. Abhängig von der Bodenart und der Tätigkeit von Mikroorganismen und Bodentieren kann das Bodengefüge ganz unterschiedlich aussehen: Die Palette reicht von lockerer, krümeliger Struktur als Kennzeichen intensiv belebter und durchwurzelter Böden mit einem günstigen Luft- und Wasserhaushalt bis zu verdichtetem, plattenartigem Gefüge in schweren, tonigen und verdichteten Böden mit ungünstigem Luft- und Wasserhaushalt. Für die Verfügbarkeit von Wasser und Luft im Boden ist nicht nur das Gesamtporenvolumen, sondern vor allem auch der Anteil an Grob-, Mittel- und Feinporen verantwortlich.

Luft im Boden – lebensnotwendig für Pflanzen und Tiere

Alle Bodenporen, die nicht mit Wasser gefüllt sind, enthalten Luft. Meist ist der Sauerstoffgehalt der Bodenluft gegenüber jenem der Atmosphäre verringert, und zwar umso mehr, je intensiver die Atmung des Bodenlebens und je toniger und feuchter der Boden ist. Eine ausreichende Sauerstoffversorgung ist aber nicht nur für die Lebewesen über der Erde, sondern auch für die Organismen und die Pflanzenwurzeln im Boden lebensnotwendig. Sauerstoffmangel hemmt die Wurzelentwicklung und somit die Wasser- und Nährstoffaufnahme der Pflanzen, von denen manche – wie z. B. Bohnen, Erbsen, Paradeiser oder Wurzelgemüse – besonders sensibel auf Sauerstoffarmut im Boden reagieren.

Wasser im Boden

Ein wesentlicher Faktor, der einen ertragreichen Boden auszeichnet, ist seine Wasserspeicherfähigkeit. Er hebt gewissermaßen Wasser aus dem Winter oder vom Frühlingsregen für die Pflanzen auf. Ein

BODENPOREN SIND WICHTIG FÜR WASSER- UND LUFTHAUSHALT

Porenart	Durchmesser	Eigenschaften
Grobporen	50 µm	Sie dienen zur Durchlüftung des Bodens. Diese Kanäle sind nur vorübergehend mit Wasser gefüllt, aber notwendig zur raschen Wasserverteilung im Boden, auch in tiefere Schichten.
Mittelporen	0,2–10 µm	Sie speichern Wasser und sind somit wesentlich für die Versorgung der Pflanzen und des Bodenlebens.
Feinporen	< 0,2 µm	Sie enthalten die letzten schwer verfügbaren Wasserreserven, die nur noch vom Bodenleben genutzt werden können. Der von Pflanzenwurzeln ausgehende Sog ist dafür zu schwach.

Ein Bodenprofil gibt Aufschluss über die Zusammensetzung und Dicke der Bodenschichten.

fruchtbarer Boden darf nicht wie ein Stein sein, der keinerlei Wasser aufnimmt, aber auch nicht wie ein Sieb, das alles Wasser durchrinnen lässt. Guter Boden ist wie ein Schwamm, der Wasser dauerhaft entgegen der Schwerkraft festhalten kann. Entscheidend für diese als Wasserspeicherkapazität bezeichnete Eigenschaft sind die Bodenporen. Die Ausdehnung, die Größe und die räumliche Verteilung dieser Hohlräume im Boden bestimmen die Aufnahmefähigkeit und das Haltevermögen von Bodenwasser und Bodenluft. Wenn Wasser zwischen die Tonteilchen eindringt, kann das Porenvolumen noch erheblich steigen – der Ton quillt auf. Mit abnehmender Korngröße nehmen die Oberfläche der Teilchen, das Porenvolumen und die Haltefähigkeit des Wassers zu.

BODENARTEN / PORENVOLUMEN

Boden	Porenvolumen
Sandböden	34–44 %
Lehmböden	30–51 %
Schluffböden	38–51 %
Tonböden	36–65 %

Quelle: Porenvolumen verschiedener Bodenarten
(aus: Bernd Raum, 2006: „Boden, die Haut der Erde“, Verlag Duden Paetec)

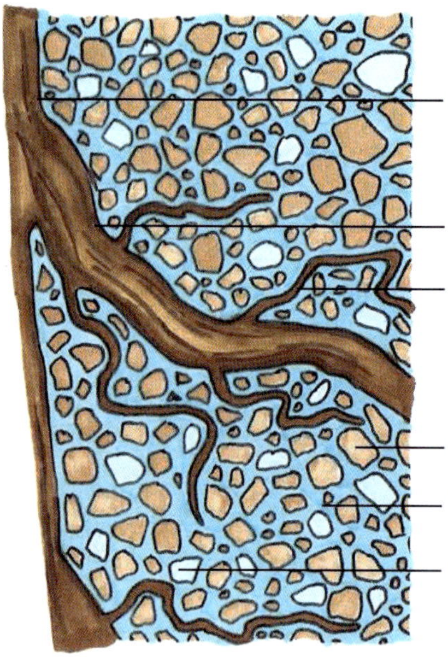

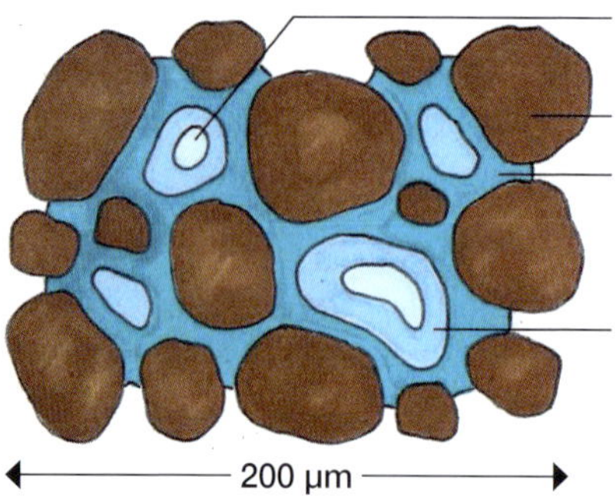

Rechts: Eine Wurzel findet ihren Weg durch die Bodenteilchen.

Darunter:
Ein Bodenteilchen.
© Natur im Garten/S. Streicher

Gut zu wissen

Allzu feinkörnige Tonböden halten das Wasser so stark fest, dass nur 15 Prozent für die Pflanzen nutzbar sind. Grobkörniger Sandboden kann das meiste Wasser nicht gegen die Schwerkraft zurückhalten, sodass nur 8 Prozent des Wassers verfügbar ist. Lehmböden, die Sand, Ton und Schluff in ausgewogenem Verhältnis enthalten, stellen den Pflanzen das meiste Wasser zur Verfügung.

BODENARTEN UND IHRE EIGENSCHAFTEN

Eigenschaften	Sandboden	Lehmboden	Tonboden
Korngrößen	Große Bestandteile	Ausgewogene Verteilung	Überwiegend kleine Bestandteile
Wasserführung	Gut – große Poren	Gut – große und kleine Poren	Schlecht – überwiegend kleine Poren
Wasserhaltevermögen	Gering	Hoch	Sehr hoch
Bodenluft	Gute Durchlüftung	Gute Durchlüftung, optimales Porenvolumen	Schlechte Durchlüftung
Humus/Nährstoffe	Meist geringer Nährstoffgehalt	Hoher Nährstoffgehalt	Hoher Nährstoffgehalt
Erwärmung	Rasch	Mittel	Langsam
Pflanzenwachstum	Für Wurzeln leicht zu durchdringen	Für Wurzeln gut zu durchdringen	Für Wurzeln schlecht zu durchdringen
Bearbeitung	Leicht	Gut	Schwierig

Humusaufbau

Ein wesentlicher Aspekt für einen gesunden und fruchtbaren Boden ist der Humusgehalt. Humusbestandteile sind Nährstoff- und Wasserspeicher. Letzteres ist gerade in Zeiten des Klimawandels wichtig, weil die Sommer immer heißer und trockener werden. Viele Menschen verwenden den Begriff „Humus" und meinen damit „Boden". Humus ist aber nur ein Teil des Bodens, nämlich seine organische Substanz, die Summe aller abgestorbenen pflanzlichen und tierischen Stoffe im und auf dem Boden und deren Umwandlungsprodukte.

Wie entsteht Humus und wofür brauchen wir ihn?

Humus entsteht durch den Abbau von pflanzlichen und tierischen Resten, also abgestorbenen Blättern, Halmen, Tierkot und Ähnlichem. Größere Bodentiere wie Regenwürmer, Asseln oder Tausendfüßer haben diese Dinge zum Fressen gern und übernehmen damit die erste grobe Zerkleinerung dieser organischen Abfälle – bereits mithilfe der Mikroorganismen in ihrem Verdauungstrakt.

Ihre Hinterlassenschaften und Reste nehmen sich weitere einzellige Mikroorganismen und Bakterien vor. Idealerweise bleiben von dieser Zersetzungs- und Zerlegungstätigkeit nur noch anorganische Endprodukte vom ursprünglich pflanzlichen oder tierischen Ausgangsmaterial übrig. Das sind dann z. B. Wasser, CO_2, Nitrate, Mineralstoffe und Spurenelemente, die im Sinne eines Kreislaufs wieder für die Pflanzenernährung zur Verfügung stehen. Man spricht daher auch vom Nährhumus. Chemisch gesehen werden vor allem Kohlenhydrate, Eiweiße und einige Fette völlig abgebaut.

Eine Handvoll Humus, ein Hand voller Leben.

Regenwürmer übernehmen die erste Zerkleinerung organischer Abfälle.

Bodentiere scheiden Humusteilchen aus.
© Natur im Garten/S. Streicher

Dauerhumus und Huminstoffe

Nicht alle organischen Stoffe können vollständig abgebaut werden. Holzstoff, Zellulose oder Wachse sind selbst für Mikroorganismen „schwer verdaulich" oder nur für Spezialisten zu knacken. Viele dieser Stoffe werden chemisch zu Huminstoffen umgewandelt. Das sind komplizierte organische Verbindungen, die nur sehr langsam abgebaut werden, lange Zeit im Boden verbleiben und ihn dunkel färben. Man nennt diese Verbindungen daher auch Dauerhumus. Für die Bodenfruchtbarkeit ist dieser Dauerhumus wichtig. Aufgrund ihrer großen Oberfläche und chemischen Struktur besitzen Huminstoffe die Fähigkeit, Wasser oder Nährstoffe an ihrer Oberfläche zu binden, aber auch den Pflanzenwurzeln bei Bedarf zur Verfügung zu stellen. Und das können sie sogar besser als Tonmineralien! Du kannst dir das Ganze wie einen Vorratsschrank vorstellen, aus dem sich die Wurzeln bei Bedarf die benötigten Nährstoffe wie Stickstoff, Phosphor oder Kalium holen. Humusreiche Böden sind übrigens effiziente Kohlenstoffspeicher, weil Huminstoffe hauptsächlich aus Kohlenstoffatomen bestehen. In Zeiten des Klimawandels ein wichtiges Detail.

Regenwurmkot verklebt Steinchen und organisches Material zu Ton-Humus-Komplexen. © Natur im Garten/M. Beneš-Oeller

Ton-Humus-Komplexe

Eine besondere Rolle für die Bodenfruchtbarkeit spielen die sogenannten Ton-Humus-Komplexe, die unter Mithilfe der Bodentiere entstehen. Im Darm von Regenwürmern vermischen sich organische Teilchen, z. B. Grashalme oder Blattstückchen, mit mineralischen Teilchen wie Ton oder Sand. Sie verkleben beim Ausscheiden miteinander und bilden sogenannte Ton-Humus-Komplexe. Sie binden Pflanzennährstoffe an sich und geben sie wieder an die Wurzeln ab. Diesen Stoffaustausch regen gesunde Pflanzenwurzeln durch ihre Ausscheidungen aktiv an, sie „kommunizieren" auf diese Weise mit dem umgebenden Boden – ein interessantes Wechselspiel!

Dauerhumus ist aber nicht nur Nährstoffspeicher, sondern auch strukturgebendes und stabilisierendes Element im Boden. Ein optimaler, lockerer Boden entsteht, wenn Bodenteilchen miteinander verknüpft sind. Mikroben und Bodentierchen sorgen dafür, dass die Bodenteilchen zu stabilen Bodenkrümeln verbunden werden. Man spricht von der Lebendverbauung des Bodens. Du kannst dir das so vorstellen, dass die mineralischen Bestandteile des Bodens die Ziegel einer Wand darstellen und die Mikroben und Humusteile den Mörtel bilden. Der Unterschied ist jedoch, dass das Bodenleben keine Wand baut,

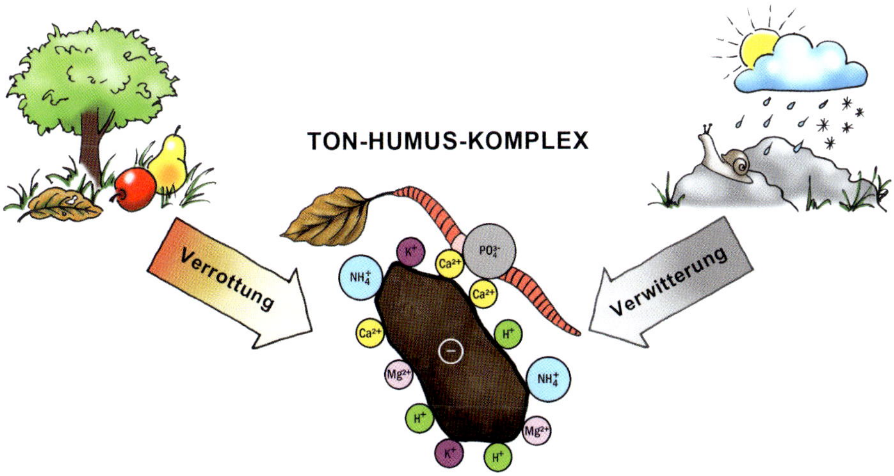

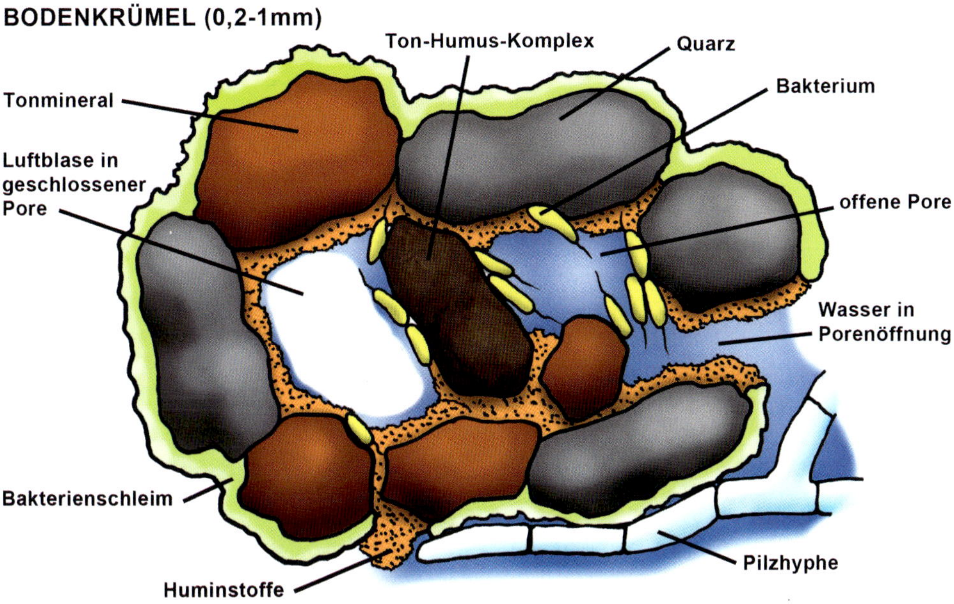

sondern einen dreidimensionalen Schwamm, der Wasser gut speichern kann.
Man spricht dann von einem garen Boden, der gesund und fruchtbar ist. Der Begriff stammt aus der bäuerlichen Praxis und vergleicht den Boden mit einem gärenden Brotteig, der luftig und locker ist. Ein derartiger feinkrümeliger, garer Boden hat genug Stabilität, um vor Erosion und Nährstoffauswaschung geschützt zu sein.

Der Boden als eine Art Schwamm.

Wie wird der Gartenboden humusreich?

Humusaufbau kann nur funktionieren, wenn die Bodenlebewesen genug Pflanzenreste als Futter haben, um Humus zu produzieren. Das können z. B. Mulch, Kompost, organische Dünger wie Schafwollpellets oder Mist, Grün- und Strauchschnitt sein. Einfach nur chemisch-synthetische Mineraldünger, sogenannte Kunstdünger, auszustreuen, reicht nicht, um die Fruchtbarkeit des Bodens zu verbessern – im Gegenteil. Wertvolle „Mitarbeiter" im Boden wie die Regenwürmer werden durch diese Mittel bei intensivem Gebrauch sogar geschädigt. Mit Kunstdünger versorgte Pflanzenwurzeln futtern quasi Fast Food, sie interagieren viel weniger mit dem Bodenleben, verzweigen sich weniger intensiv, wurzeln flacher und sind damit stressanfälliger in klimatisch anspruchsvollen Zeiten.

Mulchen ist extrem wichtig

Wir können den Bodenorganismen etwas Gutes tun, indem wir Stellen in Beeten, die frei von Pflanzenbewuchs sind, nicht nackt liegen lassen, sondern mulchen, also den Boden abdecken. Hierzu eignen sich z. B. Stroh, Heu, mit dem Rasenmäher zerkleinertes Laub, angetrockneter Grasschnitt oder Ähnliches. Im Fachhandel sind auch Mulchmaterialien wie Hanf- oder Flachsschäben, Holzfasern und Kernschalen erhältlich. Bei ausdauernden Pflanzungen, z. B. in Staudenbeeten, unter Hecken,

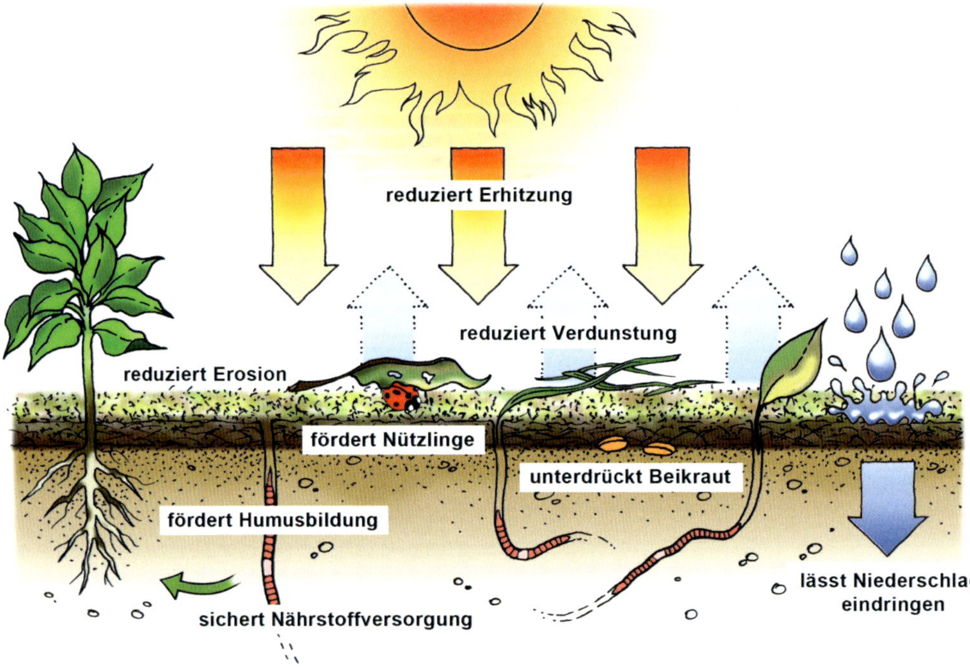

Mulch hat viele positive Wirkungen auf Bodenleben und Pflanzengesundheit. © Natur im Garten/L. Mayrhofer

Bodenhilfsstoffe findest du bei den „Natur im Garten" Gütesiegelprodukten:
https://www.naturimgarten.at/unser-angebot/natur-im-garten-guetesiegel/produkte/kategorie/bodenhilfsstoffe.html

© Natur im Garten/M. Liehl-Rainer

Mit Stroh gemulchter Salat.

© M. Wappel

Auch mit Schafwolle kann gemulcht werden.

© Natur im Garten/M. Liehl-Rainer

Ein mit Hanfschäben gemulchtes Staudenbeet.

Sträuchern und Bäumen, kannst du auch beständigere Materialien einsetzen wie Rindenmulch – er sollte aber unbehandelt sein und aus nachhaltiger Waldwirtschaft stammen – oder mineralischen Mulch wie Ziegelsplitt oder Kies.

Die Decke aus Pflanzenresten schützt den Boden vor extremen Witterungseinflüssen wie Starkregen oder Hitze. Diese Wetterereignisse können die Krümelstruktur des Bodens zerstören, es entstehen Risse im Boden oder Verkrustungen. Durch eine Bodenbedeckung wird das vermieden. Da die luftreiche Mulchschicht gut isoliert, erwärmt sich der Boden tagsüber langsamer und erreicht geringere Temperaturspitzenwerte als unbedeckter Boden. Unter den organischen Mulchmaterialien bleibt der Boden auch in Trockenzeiten länger feucht, denn in den Hohlräumen zwischen dem Pflanzenmaterial hält sich eine höhere Luftfeuchtigkeit als in der Umgebung. Dadurch wird die Verdunstung von Bodenwasser herab-

Mulchen ist aktiver Bodenschutz. © Natur im Garten/A. Haiden

gesetzt, es muss weniger gegossen werden. Vor allem im trockenen Sommer ist das Mulchen daher eine wichtige und wassersparende Maßnahme.

Richtig mulchen

- Vor dem Mulchen lockere die Erde oberflächlich auf, sie sollte feucht sein.
- Damit ständiger Luftaustausch möglich ist, wird die Mulchschicht nur wenige Zentimeter aufgetragen und immer wieder ergänzt.
- Saftige, frische Mulchmaterialien wie gejätetes Unkraut, Erntereste, Küchenabfälle oder Rasenschnitt führen dem Boden rasch wertvollen Stickstoff zu. Strohiger Mulch entzieht dem Boden bei der Verrottung hingegen zunächst Stickstoff, denn die Bodenbakterien brauchen ihn, um die schwer verdaulichen Anteile zu zerlegen, bevor er dann in Folge wieder freigesetzt wird. Deshalb ist es sinnvoll, Hornspäne oder andere stickstoffreiche Dünger auszubringen, bevor du die Mulchschicht aufträgst. Andernfalls dauert es ein wenig länger, bis deine Pflanzen in Schwung kommen.

Der ausgeglichene Verlauf der Tages- und Jahrestemperaturen sowie die gleichbleibende Feuchtigkeit im Boden kommt den Ansprüchen vieler Bodenorganismen entgegen. Das organische Mulchmaterial dient ihnen obendrein als Nahrung. Die fleißigen Helfer unter der Erde zerkleinern und verdauen es, sie stabilisieren das Krümelgefüge des Bodens mit ihren Ausscheidungen. Unter der Bodenoberfläche ist ein faszinierender, aber für uns zumeist unsichtbarer Mikrokosmos aktiv: Bodenpilze schließen hartnäckige Holzverbindungen auf, sie werden gemeinsam mit Bakterien und Mikroben im Darm von Bodentierchen verdaut, fördern dort eine ganz eigene Flora und wandern mit dem Kot in den Boden zurück. So entstehen die oben erwähnten Ton-Humus-Komplexe, die von Pflanzenwurzeln gern und dicht durchzogen werden.

NATUR im GARTEN *Tipp*

Anbau im Winter

Beim Anbau von Gemüse im Winter ist es genau umgekehrt: In der lichtarmen, kalten Jahreszeit wird weniger gemulcht, damit sich der Boden schneller aufwärmen kann.

Wasser - eine wertvolle Ressource

Die immer häufiger auftretenden Hitze- und Trockenperioden fordern Gärtnerinnen und Gärtner auf dem Balkon und im Garten. Wer jetzt auf Nachhaltigkeit setzt, verwendet Regenwasser, anstatt es in die Kanalisation einzuleiten. Das mindert die Hochwassergefahr und entlastet die Kanalisation, die bei immer wiederkehrenden Starkregenereignissen häufig überlastet ist. Da Winterniederschläge in vielen Regionen zunehmend zurückgehen, fehlt dort auch der Nachschub für die Grundwasserreservoirs. Das Versickern von Regenwasser am Eigengrund stellt hier eine wertvolle örtliche Gegenmaßnahme dar.
Statt Wege, wie vielerorts üblich, mit Asphalt oder Beton zu versiegeln, können sie mit begrünten Fugen, trittfester Bepflanzung oder Kies gestaltet werden, um Regenwasser im natürlichen Wasserkreislauf zu halten. So kann es an Ort und Stelle versickern, auf Beeten und begrünten Flächen, zwischen Trittsteinen und Fugen. Durch die Fugenvegetation ergrünen Wege und erzeugen ein angenehm kühles Mikroklima. Außerdem entsteht Nahrung und Lebensraum für zahlreiche Pflanzenarten und damit auch für kleine und größere Tiere. Entscheidest du dich für unversiegelte Gartenwege, förderst du auf diese Weise sowohl den Wasserkreislauf als auch die Artenvielfalt. Geeignete Hausdächer lassen sich ebenso begrünen wie Carports, Geräteschuppen oder „Mülltonnengaragen“, mit den gleichen positiven Auswirkungen. Und gerade Hausdächer, die ganz ungestört liegen, werden gern von zahlreichen Insekten und Vögeln genutzt, die hier Futter finden und brüten können.

Dachbegrünung. © D. Tüchler

Wassersparend planen und pflegen

Wer einen Garten oder Balkon neu und nachhaltig gestalten möchte, überlegt sich frühzeitig, welche Pflanzen für den Standort geeignet sind. Sie sollten größtenteils möglichst robust und trockenheitsverträglich sein, also ohne Bewässerung auskommen. Ein naturnaher Garten ist auch ein klimafitter Garten, denn er beheimatet eine Vielzahl an unterschiedlichen Pflanzenarten, Strukturen und Lebensräumen für Tiere. Durch die Bepflanzung mit standortangepassten und regionaltypischen Gewächsen kann außerdem viel Wasser im Garten eingespart werden, denn schon mit der ersten Pflanzenauswahl kannst du den Gießaufwand und Wasserbedarf deiner Bepflanzung steuern.

- Während Sumpfpflanzen ständig im Feuchten stehen müssen, wachsen Trockenheitsspezialisten, wie etwa Hauswurz, in den Ritzen von Trockensteinmauern. Viele Kräuter aus dem Mittelmeergebiet, wie Lavendel, Salbei oder Thymian, sind perfekt an Trockenheit angepasst. Durch die besondere Beschaffenheit ihrer Blätter geben sie möglichst wenig Wasser an die Umgebung ab. Nadelartiges oder gefiedertes Laub, reflektierende Wachsschichten oder Härchen schützen vor starker Verdunstung.
- Wildstrauchhecken, Kräuterrasen, Wildblumenwiesen, Staudenbeete mit trockenheitstoleranten Arten oder schattenspendende Laubbäume sind Naturgartenelemente, die nach dem Anwachsen keine oder kaum Bewässerung benötigen. Werden Pflanzen mit ähnlichem Wasserbedarf oder Anforderungen an einem Standort zusammen gepflanzt, machen sie außerdem weniger Arbeit. So

kannst du im Garten regelrechte „Nie-wieder-gießen-Zonen“ einrichten und solche, bei denen du öfter mit Gießkanne oder Gartenschlauch vorbeischaust.
- Teiche und Wasserstellen bieten nicht nur lebenswichtiges Wasser für Tiere, sondern kühlen durch Verdunstung tagsüber die Umgebung.

Rund um den Selbstversorgergarten spielen die genannten Naturgartenelemente eine tragende Rolle, um ein stabiles Mikroklima zu schaffen und auch, um bestäubende Insekten, Vögel und andere Tiere in die Nähe unserer Kulturpflanzen zu locken.

Hacken und Mulchen

Wenn du gute Erträge erzielen möchtest oder auf durstigere Arten nicht verzichten willst, ist Bewässerung ein zentrales Thema. Du kannst aber einiges dafür tun, damit Wasser im Boden gehalten wird:
- Regelmäßiges Hacken im Gemüsebeet oder bei jungen Staudenpflanzungen wirkt sich nicht nur positiv auf die Belüftung aus, sondern sorgt dafür, dass Niederschlagswasser vom Boden besser aufgenommen wird.
- Eine Mulchschicht hat eine natürlich isolierende Wirkung und hilft, das kostbare Wasser bodennah und bei den Pflanzen, die es brauchen, zu halten. Viele Materialien wie Rasenschnitt, Laub, gehäckselte Zweige, Ernterückstände und Beikräuter können direkt aus dem Garten zum Mulchen verwendet werden (siehe Seite 66).

Regenwasser sammeln

Pflanzen lieben Regenwasser – übrigens auch viele Haustiere. Es ist kalkfrei und damit vielerorts weicher als Leitungswasser. Bei umsichtiger Speicherung ist es passend zur Umgebung temperiert. Zudem enthält es Nährstoffe wie Stickstoff oder Sauerstoff aus der Luft. Der pH-Wert liegt im leicht sauren Bereich, dadurch ist Regenwasser für die meisten Pflanzen besonders gut verträglich.
Die einfachste Variante, um Regenwasser zu sammeln, ist das Speichern in Teichen und Biotopen. Dachwasser kann gefiltert über ein Absetzbecken oder einen Pflanzenfilter in Teiche eingeleitet werden. So werden keine Schmutz- und Nährstoffe eingetragen. Regnet es sehr viel, kann überschüssiges Wasser über einen Überlauf in eine Versickerungsmulde fließen. Wasser, das im Garten gehalten wird und nicht über die Kanalisation davongetragen wird, kann im natürlichen Wasserkreislauf zirkulieren.

Die alte Gartenweisheit „Einmal hacken spart zweimal gießen“ bringt es auf den Punkt.

NATUR im GARTEN *Tipp*

Ausstiegshilfen für Tiere

Ob Wanne, Fass, Tonne, Biotop oder Teich – bedenke bei jeder Wasserstelle, dass sie auch auf Tiere eine große Anziehungskraft ausübt. Wasserstellen werden leider oft zur tödlichen Falle für sie. Biete daher Ausstiegshilfen an: Holzbretter mit Querleisten, Krallmatten aus Kokos oder Jute, Steinschlichtungen oder beim Teich ein flach auslaufendes Ufer.

Tonnen und Zisternen

Optimal sind unterirdische Zisternen, die vom Fassungsvermögen her auf die jeweilige Sammel-/Dachfläche und die in der Region übliche Niederschlagsmenge abgestimmt sind. Da Erde Wärme hervorragend speichert, sind unterirdische Zisternen frostsicher, sie veralgen nicht, weil es in einer Zisterne dunkel ist, sie sind praktisch und pflegeleicht. Unterirdische Zisternen haben allerdings den Nachteil hoher Anschaffungskosten. Die Planung und Errichtung sollte gleich in der Bauphase vom Haus bzw. zu Beginn des Grundstücksprojekts erfolgen, denn der Bau von Zisternen ist im Nachhinein recht aufwendig.

Möchtest du eine Zisterne zum Regenwassersammeln anschaffen, plane ausreichend Platz für die Anlieferung und den notwendigen Erdaushub. Dieser muss gegebenenfalls entsorgt werden oder anderswo Platz finden.

Regenwasser kann auch in oberirischen Behältern aus Holz, Metall, Beton, Stein oder Plastik gesammelt werden, am beliebtesten sind die klassischen Regentonnen oder Plastiktanks im Metallgitter. Während die meisten Behälter nicht frostsicher sind und vor dem Winter geleert werden müssen, gibt es auch frostsichere Systeme, etwa wenn die Gefäße nach oben hin weiter werden. Holzfässer, alte Barriquefässer aus der Weinproduktion oder auch große, behauene Steine sind alternative Materialien zur Kunststofftonne. Holzfässer gelten dabei als frostfest, sollten allerdings alle paar Jahre mit dem Hochdruckreiniger geputzt werden.

Frostsichere Regentonnen bestehen aus einem elastischen Plastiksack, der in einem Gerüst aus flexibel verbundenen Holzlatten hängt. So kann sich das gefrierende Wasser ausdehnen, ohne den Behälter zu zerstören. Das bewährt sich vor allem auf Terrassen mit winterfesten Kübelpflanzen oder im Wintergemüseanbau.

Die Ausrichtung der Regentonne wählt man am besten so, dass überlaufendes Wasser keine Probleme an Hauswänden, wie feuchtes Mauerwerk, oder nasse Keller verursacht. Werden die Tonnen auf einem Untergrund aus Kies als Sickerfläche aufgestellt, kann überlaufendes Wasser gezielt abfließen und das Grundwasser speisen.

Der optimale Standort für Regentonnen ist ein schattiger Ort, hier ist im Sommer das Risiko von Bakterien- und Algenbildung geringer. Ein Deckel auf der Regentonne schützt vor Verunreinigungen durch Herbstlaub von umliegenden Bäumen oder Sträuchern. Wichtig ist, dass für Luftzufuhr gesorgt wird. Ein mit Gewichten beschwertes Netz, Gaze oder alte Gardinen, die über die Tonne gelegt werden,schützen zusätzlich vor einer Gelsenplage, außerdem verhindern sie, dass Tiere hineinfallen. Für Insekten, Schnecken, Mäuse oder Vögel etwa werden offene Regentonnen sonst zur Todesfalle.

Eine frostsichere Regentonne mit Abdeckung.

Regendiebe

Sogenannte Regendiebe gibt es in unterschiedlichen Ausführungen. Die einfachsten sind im senkrechten Fallrohr der Hausregenrinne montierte Klappen, die bei Bedarf ein- oder ausgeklappt werden und das Wasser in die Tonne lenken. Allerdings haben sie keine Mechanik, um bei voller Tonne zu schließen, sondern müssen per Hand reguliert werden. Ausgeklügelte Regendiebe sind im Fallrohr verbaut. Sie leiten das Wasser aus dem Fallrohr über ein Laubsieb oder einen Laubabscheider, sodass Schmutz und Blätter über das Fallrohr in den Kanal abgeschieden werden und nur sauberes Wasser in die Tonne gelangt. Solche Regendiebe dienen auch als Überlaufschutz – ist der Sammelbehälter voll, läuft überschüssiges Wasser über das Fallrohr ab. Das empfiehlt sich sehr, wenn eine auf der Terrasse stehende Regentonne nicht alles überfluten soll.

Praktisch für das Entnehmen von Regenwasser ist der Einsatz von Tauchpumpen. So kann Wasser von einer Tonne in eine andere gepumpt oder gleich das Beet gegossen werden. © Natur im Garten/K. Batakovic

Kommunizierende Gefäße

Wenn du das Regenwasser bequem im Garten verteilen möchtest oder der Garten ein Stück entfernt vom Haus liegt, empfehlen wir dir die Verbindung von mehreren Regentonnen zu einem Regenwassersammelsystem. So kann Wasser über Rohrverbindungen hausnah gesammelt und an einem weiter entfernten Stück im Garten genutzt werden.

Hierbei gilt das Prinzip kommunizierender Gefäße: In Behältern, die über einen Schlauch verbunden sind, pegelt sich der Wasserspiegel gleich hoch ein. (Beim Installieren musst du den Schlauch einmal mit Wasser füllen, damit es funktioniert.) Einmal pro Jahr sollten die Tonnen entleert und gereinigt werden, um die Wasserqualität zu sichern.

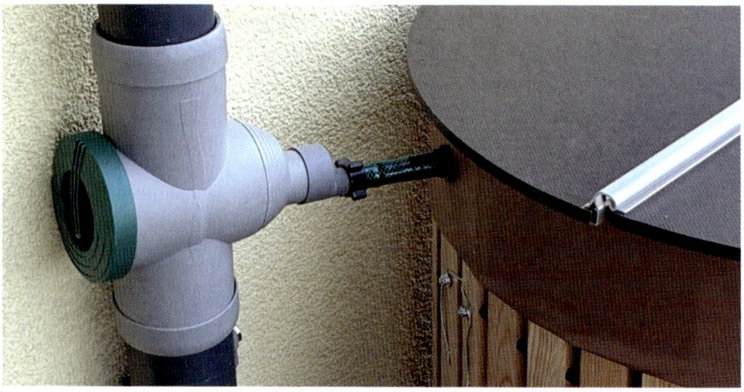

Links: Zum Reinigen des Laubabscheiders kann das Fallrohr ein Stück hinaufgeschoben werden.
Rechts: Bei diesem System kann das Laubsieb seitlich aus dem grünen Deckel gezogen werden. Beide Systeme leiten den Überlauf in den Kanal ab, sofern die Regenrinne daran angeschlossen ist, und sind praktisch wartungsfrei. Fotos © Natur im Garten/K. Batakovic

© Natur im Garten/K. Batakovic

Verbundene Regentonnen.

© Natur im Garten/K. Batakovic

© Natur im Garten/K. Batakovic

© Natur im Garten/L. Mayrhofer

Hier führt der Verbindungsschlauch zu einem bewässerten Spalier mit Beerensträuchern.

© Natur im Garten/K. Batakovic

Unterirdisch verlegte Verbindungsrohre oder -schläuche ermöglichen elegante Lösungen.

Ein sehr durchdachtes und wartungsarmes System verbundener Regentonnen hat Günther Steindl entwickelt und gemeinsam mit dem Maschinenring-Service NÖ-Wien perfektioniert. Im TEH Kräuterschaugarten in Weinburg, in Niederösterreich, ist es erfolgreich im Einsatz. Dort wurden die Tonnen auf Füße gestellt und erhielten ein nach unten laufendes Rohr, das sie unterirdisch mit anderen Tonnen im Garten verbindet. Über dieses Rohr verteilt sich das an der Hütte gesammelte Dachwasser zu einer weiteren Regentonne im Garten und zu Sickerschläuchen, die ein Obstspalier und Bäume bewässern. Durch einen kleinen Schmutzschacht kann man Restwasser oder Schmutz, der sich unten in den Tonnen absetzt, ganz einfach ablassen, ohne die Tonnen säubern zu müssen.

Richtig gießen

Egal ob liebevolle Einzelpflanzenversorgung per Gießkanne oder automatische Bewässerungsanlage, wichtig ist, dass die Bewässerung an die Pflanzen und deren Bedarf angepasst ist.

- Bodennahes Gießen, also die Gießkanne, Stielbrause oder den Gartenschlauch direkt zum Wurzelbereich und nicht über die ganze Pflanze zu halten, hilft Wasser zu sparen und vermeidet Pilzerkrankungen. Über Sprenkler und flächige Beregner freuen sich zwar Schnecken und Pilze, doch effizient sind sie nicht, da viel Wasser verdunstet und gar nicht bei der Pflanze landet.
- Gießt man weniger häufig, dafür aber länger und durchdringend, sodass Wasser tief in den Boden gelangt, fördert man das Wurzelwachstum und widerstandsfähige Pflanzen. Besonders in Hitzeperioden empfiehlt sich morgendliches Gießen, denn tagsüber verdunstet viel Wasser. Abends führt es zu höherer Luftfeuchte, was Pilzerkrankungen und Schneckenbefall fördert.
- Der Einsatz von Bewässerungstechnik erspart vor allem bei großen Flächen mühsames Schleppen von schweren Gießkannen und sehr viel Zeit. Tropf- und Sickerschläuche können z. B. in Gefäßen und auf Beeten direkt in die Erde verlegt werden und geben Wasser tröpfchenweise an den Wurzelbereich ab – ein wassersparendes System, ideal für jene, die wenig Zeit haben oder gern reisen.
- Für größere Bewirtschaftungsflächen und auf Ertrag ausgerichtete Systeme kann sich auch eine Unterflurbewässerung lohnen. Dabei werden Tropfschläuche etwa 30 cm tief im Boden verlegt und geben das Wasser direkt in Wurzelnähe ab. Dadurch kann im Vergleich zu oberirdischer Bewässerung bis zu 50 Prozent Wasser eingespart werden.

© Natur im Garten, K. Weber

Saatgut, Vorkultur und Pflanzenvermehrung

Wenn man sein eigenes Gemüse anbauen will, beginnt alles mit einem kleinen Samenkorn. Fast unvorstellbar, dass all die Eigenschaften der Pflanze wie Geschmack, Aussehen, Größe oder Widerstandsfähigkeit gegenüber Krankheiten in diesem kleinen Samen gespeichert sind. Das Saatgut ist häufig die Grundlage des Gärtnerns und es ist daher wichtig, sich mit folgenden zentralen Grundlagen vertraut zu machen.

Selbst- oder fremdbestäubt?

Die Tochterpflanzen, die aus Samen hervorgehen, unterscheiden sich von der Mutterpflanze, weil sie die Eigenschaften von „Vater“ und „Mutter“ in sich vereinen. Eine Ausnahme bilden Pflanzen, deren Blüten sich selbst bestäuben, z. B. Bohnen und Tomaten. Nehmen wir also Samen von Paradeisern ab und bauen sie an, werden wir ziemlich wahrscheinlich wieder dieselbe Sorte im Beet stehen haben.

Gedeihen und blühen nun ein Patisson-Kürbis und ein Zierkürbis oder eine Zucchini nebeneinander, kann durch bestäubende Insekten der Blütenstaub von einer auf die andere Pflanze gelangen. Der Frucht, die aus der Blüte hervorgeht, merkt man das noch nicht an. Nimmt man aus den Früchten jedoch Samen ab und baut sie in der folgenden Saison an, so kann die Überraschung groß sein. Die Pflanze produziert keine Patisson-Kürbisse mehr, sondern eine Kreuzung aus Zucchini und Kürbis. Wer eigenes Saatgut ernten will, muss sich im Klaren sein, ob die betreffende Gemüseart fremd- oder selbstbestäubend ist. Ist sie fremdbestäubend, muss die Blüte, sobald sie sich öffnet, mit einem Sackerl oder Vlies abgedeckt oder wie beim Kürbis zugebunden werden, damit kein Blütenstaub einer Wildform oder einer anderen Sorte übertragen wird. Per Hand muss mit dem Pollen einer anderen Pflanze (aber der gleichen Sorte) bestäubt werden. Ansonsten sind unliebsame Überraschungen bei der künftigen Ernte möglich.

Paradeiserblüten sind Selbstbestäuber.

Weibliche und männliche Kürbisblüte.

Anders ist es bei Zucchini oder Gurken. Sie sind fremdbestäubt; der Blütenstaub, mit dem z. B. die weiblichen Kürbisblüten in Kontakt kommen, stammt häufig von einer anderen Pflanze. Die Pflanze unterstützt das, indem ihr (männlicher) Pollen zu einer anderen Zeit reif ist und davongetragen werden kann als ihr (weiblicher) Fruchtknoten. Sie sorgt so für eine hohe genetische Vielfalt.

Gut zu wissen

Es kann problematisch werden, wenn sich ungenießbare Ziersorten mit hohem Bitterstoffanteil mit Speisesorten mischen. Daher solltest du bittere Zucchini, Kürbisse oder Gurken nicht verzehren.

© Shutterstock/masterpiece creator

Handbestäubung einer Zucchiniblüte.

SEHR WICHTIG ZU WISSEN!

Selbstbestäubende Gemüsearten	Fremdbestäubende Gemüsearten
Buschbohne, Chili, Erbse, Linse, Malabarspinat, Melanzani, Mohn, Neuseeländer Spinat, Paprika, Paradeiser, Physalis, Portulak, Puffbohne, Salat, Stangenbohne	Brokkoli, Gartenmelde, Gurke, Karfiol, Karotte, Kohlrabi, Kürbis, Lauch, Mangold, Pastinake, Radieschen, Rotkohl, Sellerie, Weißkohl, Wirsing, Zuckermais

Saatgutgewinnung und -reinigung

Die Gewinnung von Samen mit dem Ziel, sie als Saatgut zu verwenden, setzt voraus, die Frucht bzw. die Samen so lange auf der Mutterpflanze zu belassen, bis die Frucht vollständig ausgereift ist. Bis zur physiologischen Reife werden Nährstoffe zur Frucht bzw. zum Samen geliefert. Ein vor diesem Zeitpunkt geernteter Samen hat keine optimale Keim- und Lagerfähigkeit.

Das bedeutet für Gärtnerinnen und Gärtner:

- Fruchtgemüse wird erst nach den Farbumschlägen geerntet, z. B. Rot bei vielen Paradeisersorten, Gelb bei Gurken.
- Bei anderen Gemüsearten, wie Erbsen, Bohnen, Kohl oder Radieschen, ist der richtige Zeitpunkt gegeben, wenn die Hülsen und Schoten vollkommen trocken und brüchig sind.
- Salatsamen wird geerntet, kurz bevor der Samen von selbst aus dem Körbchen fällt.

Reinigung von Fruchtgemüsen

Fruchtgemüse reinigt man nass, denn auf diese Weise lösen sich die Samen am besten vom Fruchtfleisch, das keimhemmende Substanzen enthält.

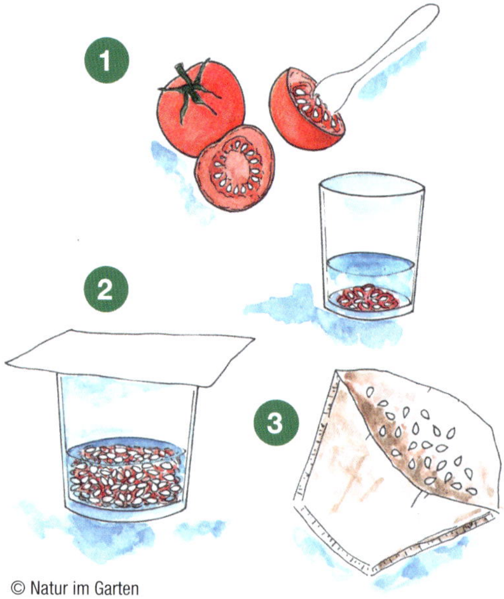

© Natur im Garten

Bild 1 und 2: Lassen sich die Samen schwer vom Fruchtfleisch trennen, wie z. B. bei Paradeisern oder Gurken, so gibt man die Samen 12–24 Stunden in ein Wasserbad. Das an den Samen anhaftende Fruchtfleisch beginnt zu gären und löst sich leichter ab.
Bild 3: Dann legt man die Samen auf einen Kaffeefilter zum Trocknen. Nach der Trocknung können sie gleich im (beschrifteten!) Filter wie in einem Samentütchen aufbewahrt werden.

Vielfalt an Bohnensamen. © Natur im Garten/A. Haiden

Artischockensamen. © M. Beneš-Oeller

Saatguternte von Salat. © Natur im Garten

Bei anderen Fruchtgemüsen werden die Samen unter fließendem Wasser in einem Sieb abgespült und anschließend getrocknet. Wir haben jedoch auch gute Erfahrungen damit gemacht, Tomatensamen einfach auf ein Blatt Küchenpapier zu legen und zu trocknen. Die Samen waren beinahe zu 100 Prozent keimfähig.

NATUR im GARTEN Tipp

Paprikasamen

Bei Paprika trocknet man die Samen direkt in der aufgeschnittenen Frucht, so kapseln sie sich unverletzt von der Fruchtwand ab, lassen sich danach leicht abklopfen und haben eine sehr hohe Keimfähigkeit. Achte darauf, nur pralle Samen ohne schwarze Verfärbungen an der Samenschale auszuwählen.

Trockenreinigung

Alle anderen Gemüse außer Fruchtgemüse können trocken gereinigt werden. Die Samen werden in möglichst trockenem Zustand geerntet. Abgeschnittene Fruchtstände können bei Schlechtwetter im Haus oder in einer Gartenhütte nachreifen. Kohlgewächse oder Salate werden dabei mitsamt der Wurzel verkehrt herum aufgehängt. Sind die Fruchtstände trocken, werden sie geschüttelt und die Samen auf einem Blatt Papier oder in einem Leinensäckchen aufgefangen.

Die Samen können bei kleineren Mengen per Hand ausgelesen werden. Bei größeren Mengen gibt man die Samenstände in einen Leinensack, z. B. einen alten Polsterbezug, und schlägt diesen gegen eine Wand.

Die Samen sammeln sich am Boden des Sacks. Samen, die von sehr festen Hüllen umgeben sind, wie bei Mohnkapseln, können in dem Sack mit einem Nudelholz geknackt oder mit den Füßen aufgetreten werden. Die Samen werden von den Hüllenbruchstücken mit Sieben getrennt oder durch das Umschütten von einem Gefäß ins andere bei gleichzeitigem Blasen gereinigt.

Damit das Saatgut möglichst lange hält, solltest du folgende Hinweise beachten:

- Die Samen müssen nach der Ernte trocken sein oder getrocknet werden.
- Verwende dichte Gefäße zur Aufbewahrung.
- Das Saatgut muss bei Temperaturen zwischen 0 °C und 10 °C gelagert werden.
- Das Saatgut muss dunkel gelagert werden, also entweder in dunklen Räumen oder in undurchsichtigen Behältern.
- Die Lagerräume müssen trocken sein.
- Achte darauf, dass keine Schädlinge, z. B. Mäuse, Lebensmittelmotten oder Käfer, in den Lagerraum eindringen können.
- Wichtig ist außerdem die Beschriftung! Vermerke immer Art, Sorte und Erntejahr auf den Saatgutgefäßen.

Hybridsaatgut

Auf vielen Samenpackungen findet man den Vermerk: F1-Hybride. Pflanzen, die aus F1-Hybridsaatgut hervorgegangen sind, zeichnen sich gegenüber anderem Saatgut durch vielfache Qualitätsverbesserungen aus, z. B. durch schnellen Wuchs, eine höhere Widerstandsfähigkeit gegen bestimmte Krankheiten oder höhere Erträge. Das Hybridsaatgut entsteht durch gezielte Züchtungen, indem hinsichtlich bestimmter Merkmale gleicherbige Eltern (homozygot) mit entsprechender Kombinationseignung gekreuzt werden. Am Beispiel von Paradeisern lässt sich das gut erklären: Wird ein Elternteil mit besonders süßen oder schmackhaften Früchten mit einem anderen Elternteil, der besonders widerstandsfähig gegen Pilzerkrankungen ist, gekreuzt, sind die Pflanzen der ersten Tochtergeneration (F1) alle gemischterbig (heterozygot) hinsichtlich dieser bestimmten Merkmale und im äußeren Erscheinungsbild einheitlich. In der Fachwelt spricht man vom sogenannten Heterosiseffekt. Sie zeichnen sich in unserem Beispiel – wegen der Kombination der Merkmale beider Eltern – durch bessere Gesundheit und Schmackhaftigkeit aus.
Nimmt man jedoch von dieser F1-Generation Samen ab und baut sie in der nächsten Generation wieder an, sind die Nachkommen, also die F2-Generation, uneinheitlich und hinsichtlich der Zuchtmerkmale völlig verschieden. Die meisten dieser Nachkommen weisen die gewünschten Merkmalskombinationen gar nicht auf. In unserem Tomatenbeispiel sind nur ganz wenige Früchte süß und schmackhaft und die Pflanzen nicht widerstandsfähig gegenüber Krankheiten und Schädlingsbefall.
Möchtest du also wieder Pflanzen mit diesen idealen Merkmalskombinationen anbauen oder vermehren, musst du das entsprechende Saatgut erneut beim Züchter oder Händler einkaufen. Problematisch wird die Sache, wenn auf dem Markt solche Hybridzüchtungen überhandnehmen, denn Konsumentinnen und Konsumenten werden letztendlich von den Saatgutproduzenten abhängig.
Ein weiterer Nachteil von Hybridsaatgut großer Saatgutproduzenten: Das Saatgut wird häufig im fernen Ausland, oft in Entwicklungsländern produziert. Schlechte Sozialstandards sowie Ausbeutung von Arbeitskräften gehen damit einher, denn so kann Saatgut billig hergestellt werden. Außerdem ist der großflächige Anbau des Vermehrungsguts im globalen Süden auch aus ökologischer Sicht nicht vertretbar: Die Transportwege sind weit und es werden chemisch-synthetische Pestizide, die bei uns oft nicht zugelassen sind, eingesetzt. Außerdem reift Hybridsaatgut oft gleichzeitig aus, was im Hausgarten zu unpraktischen Ernteschwemmen führen kann.

Samenfeste Sorten

Samenfeste Sorten entstehen, indem über Jahre und Jahrzehnte hinweg immer wieder Pflanzen hinsichtlich bestimmter Eigenschaften ausgewählt und weitervermehrt werden. Das bedeutet, dass nur von solchen Pflanzen Samen abgenommen werden, die dem Zuchtziel am ehesten entsprechen. Wir essen also den Salat mit dem größten Kopf nicht auf, sondern lassen ihn blühen und nehmen von ihm die Samen ab. Oder wir ernten die Samen von Pflanzen, die durch ihre Robustheit und Gesundheit aufgefallen sind. Auf diese Weise entwickeln sich im Lauf der Zeit Gemüsesorten mit den gewünschten Eigen-

Film-Tipp: Seeds of Profit
https://www.youtube.com/watch?v=ngjAqzam0fU

schaften, z. B. Blütenfarbe, Fruchtfarbe, Widerstandsfähigkeit oder Fruchtgröße. Da diese Sorten nicht durch die Kreuzung zweier gleicherbiger Inzuchtlinien entstehen, spalten sie sich beim Nachbau nicht in verschiedene Linien auf, sie sind samenfest. Diese Sorten geben ihre Eigenschaften an ihre Nachkommen weiter. Sie ändern sich also nicht abrupt in der nächsten Generation, sondern allmählich.

NATUR im GARTEN Tipp

Entwickle deine Lieblingssorte!

Auch Selbstbefruchter entwickeln sich mit dieser besonderen Züchtungsmethode immer weiter. Du kannst also z. B. durch gezielte Auswahl der schmackhaftesten Früchte deiner Lieblingschili allmählich zu deiner ganz persönlichen Selektion kommen. Probiere es einfach aus, indem du die Früchte gezielt verkostest und nur die besten Samen erntest.

© K. Batakovic

Bei der Einzelkornsaat wird jeweils ein Samen in eine mit Erde befüllte Anzuchtschale gelegt. So sparst du dir das Pikieren.

Vorkultur im Haus oder Gewächshaus

Nur manche der im Garten kultivierten Gemüse- und Kräuterarten stammen aus Mitteleuropa. Viele Arten sind ursprünglich in den Tropen Amerikas oder Südostasiens heimisch und werden schon seit Jahrhunderten auch bei uns angebaut. Ohne frostfreie Vorkultur wäre die Vegetationszeit zu kurz, um Ertrag zu bringen. Würde man Paprika oder Paradeiser erst im Mai im Freiland aussäen, würden viele bereits im Spätherbst absterben, ehe sie vollen Fruchtertrag bringen können.
Manche Gemüsearten wie Salat oder Kohlrabi können durchaus im Freien ohne Vorkultur in sogenannter Direktsaat angebaut werden. Es gibt jedoch Frühsorten, die sehr bald im Jahr unter Glas kultiviert werden. Auch sie werden im Haus vorgezogen, damit die erste Ernte bereits im Mai möglich wird.

© S. Streicher

Im geschützten Gewächshaus können viele verschiedene Kulturen vorgezogen werden.

Anzuchterde als Erfolgsfaktor

Wenn wir unser Gemüse im Haus selbst vorziehen möchten, brauchen wir eine gute Aussaaterde. Aussaaterden, auch Anzuchterden genannt, enthalten nur sehr wenige Nährstoffe. Für den Keimvorgang sind sie auch nicht notwendig, denn im Samenkorn sind alle Nährstoffe enthalten, die die Pflanze zum Keimen braucht. Nährsalze in der Erde würden die empfindlichen Keimwurzeln sogar schädigen. Aussaaterden zeichnen sich durch einen hohen Humusanteil und ein hohes Porenvolumen aus. Dadurch wurzeln die Keimlinge besser an, bilden einen kompakten Wurzelballen und die Erde verschlämmt nicht so leicht. Spezielle Aussaat- und Anzuchterden ohne Torf sind im Fachhandel erhältlich.

NATUR im GARTEN Tipp

Anzuchterde selber machen

Aussaaterden kann man auch selbst herstellen. Dazu siebt man vollständig ausgereiften, 9–12 Monate alten Kompost oder humose Gartenerde durch ein feines Sieb und füllt alles in einen alten Kochtopf. Mit verschlossenem Deckel wird die Erde ca. 30 Minuten bei 120 °C im Backofen erhitzt und danach in abgekühltem Zustand zu gleichen Teilen mit Sand vermischt. Diese Maßnahme garantiert, dass die Erde frei von Krankheitserregern und Schädlingen wie Trauermücken ist, die den Jungpflanzen schaden könnten.

© Natur im Garten/M. Liehl-Rainer

Eine einzigartige Naturlandschaft: das Tannermoor. © Natur im Garten/K. Batakovic

Torf vermeiden

Torf zur Herstellung von Pflanzerden wird aus Mooren, extrem sensiblen und schützenswerten Lebensräumen, gewonnen. Hier leben Tier- und Pflanzenarten, die auf die Nährstoffarmut und den Wasserreichtum dieser einzigartigen Biotope spezialisiert sind, nur hier vorkommen und nicht in andere Gebiete ausweichen können. Durch den Kauf von Torferden tragen wir indirekt zur Zerstörung dieser Lebensräume bei. Moore wachsen nicht einfach nach wie ein Wald, sondern haben Zehntausende Jahre gebraucht, um sich zu entwickeln. In Österreich stehen alle Moore unter Naturschutz.

Heutzutage wird Torf vor allem in Norddeutschland, Osteuropa und Skandinavien gewonnen. Torf wird durchschnittlich 891 km weit bis zu den österreichischen Erdenwerken transportiert; der Konsum von Torferden ist also im Sinne des Klimaschutzes nicht sinnvoll. Abgesehen davon besteht Torf – ähnlich wie Braunkohle – aus fossilen Pflanzenresten, hauptsächlich abgestorbenen Torfmoosen. Wird dieser Torf abgebaut und verrottet schließlich bei uns im Garten oder auf dem Balkon, wird zusätzlich Kohlendioxid freigesetzt – ein Prozess, vergleichbar mit der Verbrennung von Kohle. Holzfasern, Kompost, Tongranulate, Sand und andere Torfersatzstoffe können im Gegensatz dazu regional gewonnen und verarbeitet werden, sie stärken nicht nur den ökologischen Fußabdruck solcher Erden, sondern auch die regionale Wertschöpfung.

Gut zu wissen

Wenn du beim Einkauf auf das „Natur im Garten" Gütesiegel oder das Österreichische Umweltzeichen achtest, kannst du sicher sein, dass es sich um 100 Prozent torffreie Erde handelt.

Aussaatgefäße

Aussaatschalen dienen dazu, dass viele Samen auf kompakter Fläche keimen können. Nach einigen Wochen müssen die Keimlinge dann umgepflanzt werden. Sie werden in Töpfchen pikiert, damit jede Pflanze mehr Platz für ein gesundes Wurzelwachstum bekommt.

Hier muss noch vereinzelt werden. © K. Batakovic

Zur Aussaat kann auch Verpackungsmaterial, das im Haushalt anfällt, wiederverwertet werden. Die Aussaatschalen sollten jedoch nicht zu tief sein, damit sich die Pflanzen gut herauspikieren lassen. Löcher im Boden beugen Staunässe vor.

- Cocktailtomaten-Behälter oder Plastikschalen, in denen Beeren verkauft werden, haben meist sogar einen durchsichtigen Deckel, der frisch pikierte Jungpflanzen gut vor Austrocknung schützt.
- Infrage kommen auch ausgewaschene Lebensmitteltassen; Styroportassen sind zusätzlich gut „gedämmt", wenn sie am Fensterbrett aufgestellt werden.
- Alte Auflaufformen aus Metall oder Keramik eignen sich ebenfalls; haben sie keine Abzugslöcher, ist beim Gießen Fingerspitzengefühl gefragt.
- Größere Pflanzen wie Gurke oder Kürbis sind bis zur Übersiedlung ins Beet auch in halbierten Tetra Paks gut aufgehoben. Man darf nur nicht vergessen, kleine Abflusslöcher in den Boden zu bohren.
- Bei Pflanzen, die größere Samen haben und schnellwüchsig sind, wie z. B. Boh-

nen, kannst du die Samen einzeln oder paarweise in selbst gerollten Töpfchen aus Zeitungspapier oder in leeren Klopapierrollen anziehen. In diesem Fall kannst du sie später samt Töpfchen ins Beet setzen, denn das Papier verrottet rasch.
- Für Pflanzen mit langer Anzuchtphase wie Paprika oder Melanzani eignen sich dauerhafte Anzuchtgefäße besser, denn sie verbringen darin bis zu zwei Monate, bevor sie ins Freie dürfen.
- Wenn du Upcycling schätzt, kannst du deine kleinen Paprika- oder Paradeiserpflanzen in ausgewaschene Joghurtbecher oder Ähnliches pikieren.

© Natur im Garten/J. Brocks

Eierkartons sind gute Anzuchtschalen.

Hygiene ist wichtig: Wenn du Aussaatschalen oder Pflanztöpfe der vergangenen Saison verwenden möchtest, sollten sie unbedingt vorher mit heißem Wasser oder Essigwasser gereinigt werden. Dadurch werden potenzielle Erreger von Keimlingskrankheiten, den sogenannten Umfallkrankheiten, abgetötet.

Aussaat

© Natur im Garten

1. Fülle die Aussaatschale bis etwa 1,5 cm unter den Rand mit Aussaaterde auf, da noch eine Kunststofffolie oder (Plexi-) Glasplatte auf die Schale gelegt wird und die Keimlinge nach oben hin Platz brauchen. Sind die Blätter lange mit der Feuchtigkeit an der Folie oder der Glasplatte, die durch das Kondenswasser entsteht, in Kontakt, steigt die Gefahr von Pilzinfektionen.
2. Die Erde wird an den Ecken angedrückt und mit einem Bleistift o. Ä. glatt gestrichen.
3. Die Samen lassen sich fein verteilen, indem du beim Aussäen mit dem Zeigefin-

Plastikfreie Aussaatgefäße sind besonders umweltfreundlich, das können Aussaattöpfchen aus Ton, Zellulose, Sonnenblumenschalen, Mais, Bambus, Holz-, Hanf- oder Kokosfasern sein. In unserem Webshop wirst du bestimmt fündig: https://naturimgarten.shop/

ger ganz leicht an die Samentüte klopfst. Sie sollten nicht zu dicht stehen, um Konkurrenz, Lichtmangel und Infektionen vorzubeugen.

4. Nach der Aussaat drückst du die Samen leicht an und siebst eine 0,5 cm dicke Schicht Substrat oder Sand darüber. Mit einer Sprühflasche kannst du leicht angießen.
5. Weil die Luft im Winter in den Räumen meist recht trocken ist, hat es sich bewährt, die Aussaatschalen mit einer durchsichtigen Glas- oder Kunststoffabdeckung zu schützen. Dadurch erzeugt man ein förderliches „Treibhausklima". Nach dem Erscheinen der Keimlinge ist regelmäßiges Lüften wichtig; du kannst die Abdeckung jetzt aber auch ganz herunternehmen.

Aussaat in einer Auflaufform. © Natur im Garten

Licht- und Dunkelkeimer

Die meisten Gemüsearten sind Dunkelkeimer, d. h., die Samen müssen mit einer mehr oder weniger dicken Erdschicht bedeckt werden. Eine Faustregel besagt, dass die Höhe dieser Erdschicht in etwa der doppelten Größe des Samens entspricht, den man aussäen möchte.
Samen von Lichtkeimern keimen allerdings nicht, wenn man sie mit zu viel Erde bedeckt. Samen von Kräutern wie Baldrian, Basilikum, Thymian, Ysop, Kresse, Bohnenkraut, Minze, Kerbel, Majoran, Oregano, Lavendel, Kümmel, Kerbel, aber auch von Vogerlsalat und Salat werden nur leicht in den Boden gedrückt und bewässert, damit sie optimal keimen können.

Rucola Keimlinge. © B. Haidler

Immer beschriften

Vergiss die Beschriftung nicht. Mit einem wasserfesten Stift oder einer Klebeetikette sollten auf der Schale Datum, Gemüseart und Sorte vermerkt werden, damit es zu keinen Verwechslungen kommt. Manchmal sind selbst unterschiedliche Gemüsearten als Keimlinge nur schwer zu unterscheiden, z. B. Chili und Paprika, geschweige denn verschiedene Paradeisersorten.

Treibsorten

Bei vielen Gemüsearten gibt es sogenannte Treibsorten, also frühe Sorten, die man sehr früh im Jahr unter Glas kultivieren kann. Diese Sorten können sich auch bei niedrigen Temperaturen gut entwickeln. Möchtest du also Salat, Kohlrabi oder Radieschen im Frühbeet schon im Februar oder März anbauen, halte nach Saatgut von diesen Treibsorten Ausschau.
Auf Schossfestigkeit muss beim Kauf von Saatgut für die Frühkultur nicht geachtet werden. Vorzeitiges Schossen, also wenn die Pflanze durchtreibt und zu blühen beginnt, ohne wie z. B. beim Salat Köpfe zu bilden, tritt erst bei höheren Temperaturen ab Mai auf. Für den Anbau im Sommer empfehlen wir jedoch, sehr auf schossfeste Sorten zu achten.

Radieschen. © Natur im Garten/D. Tuechler

Temperatur und Luftfeuchtigkeit

Damit die Samen gut keimen, benötigen sie je nach Art bestimmte Keimtemperaturen. Diese sind ebenso wie der ideale Aussaatzeitpunkt in aller Regel auf den Samentütchen ersichtlich. Pflanzen, die aus den Tropen stammen, brauchen naturgemäß höhere Temperaturen, z. B. Kürbisse oder Gurken zwischen 22 und 25 °C.

Zum optimalen Klima für die Keimung trägt außerdem eine hohe Luftfeuchtigkeit bei, die dadurch erzeugt wird, dass man die Saatschalen, wie schon erwähnt, mit einer durchsichtigen Kunststofffolie oder einer Glasplatte abdeckt. Im Fachhandel sind sogar kleine „Zimmergewächshäuser" erhältlich. Diese Kunststoffschalen haben einen transparenten Deckel und kleine eingebaute Belüftungseinrichtungen. Als Minimalvariante kann auch ein kleines Nylonsäckchen über die Aussaatschale gezogen werden. Durch diese Maßnahmen ersparst du dir oftmaliges Nachfeuchten. Ein keimendes Samenkorn darf niemals austrocknen.

Optimale Temperatur- und Feuchtigkeitsverhältnisse während der Keimung sind wichtig, andernfalls drohen hohe Ausfallquoten durch Fäulnis oder Keimlingskrankheiten. Im Idealfall wachsen die Keimlinge diesen „Kinderkrankheiten" jedoch einfach davon.

NATUR im GARTEN Tipp

Gestaffelter Anbau

Experimentiere ruhig mit dem Aussaatzeitpunkt. Wenn du den Anbau in mehrere Sätze aufteilst, verteilt sich auch die Ernte gleichmäßiger und es gibt fortwährend Frisches zu ernten. Dazu wird ein Drittel der benötigten Jungpflanzen zum frühestmöglichen, auf der Samenpackung angegebenen Zeitpunkt gesät (1. Satz), ein weiteres Drittel 2–4 Wochen später (2. Satz) und das letzte Drittel zum spätesten Zeitpunkt (3. Satz).

Pflege und Standort

Die Aussaatschalen sind in einem hellen Raum bei Zimmertemperatur am besten aufgehoben. Vor praller Mittagssonne sollte man die Saat jedoch schützen und gegebenenfalls leicht schattieren. Fensterbänke aus Stein sind manchmal Kältebrücken. Sind die Fenster noch dazu alt oder schlecht gedämmt, kann die Temperatur dort erheblich niedriger sein als im Raum. In diesem Fall ist eine Unterlage aus Styropor, Filz oder Holz als Dämmung nach unten empfehlenswert. Gerade anfangs ist eine konstante Temperatur bei der Anzucht sehr wichtig.

Gut zu wissen

Im Kaltgewächshaus, das ohne Heizung auskommt, bedeuten Temperaturschwankungen großen Stress für Jungpflanzen: Die Sonneneinstrahlung treibt die Temperaturen rasch auf 20 °C, in der Nacht sinken sie dann deutlich und liegen kaum über den Außentemperaturen. Um die Unterschiede so gering wie möglich zu halten und eine starke Kondenswasserbildung zu vermeiden, empfiehlt es sich, im Winter tagsüber ab einer Außentemperatur von 7 °C zu lüften. Sobald es wärmer wird, solltest du durchgehend lüften.

Sobald sich die ersten Blätter aus dem Boden schieben, solltest du deine Jungpflanzen nicht mehr allzu sehr verwöhnen. Bei zu viel Wärme wachsen sie nicht kompakt, sondern bilden lange Stängel und werden anfälliger für Krankheiten und Schädlinge. Die folgenden Tipps helfen dir dabei, gesunde, kräftige Pflanzen heranzuziehen:

- Am besten stellt man die Pflänzchen jetzt an ein Ost- oder Westfenster in einem kühlen, aber hellen Raums bei maximal 17 °C.
- Um Kälteschocks zu vermeiden, solltest du nur lauwarmes, abgestandenes Wasser zum Gießen verwenden.

- Regelmäßiges Lüften bringt wichtige Impulse für gesunden und kompakten Wuchs.
- Für Pflanzen in der Saatschale und später, wenn sie bereits in Einzelgefäße pikiert wurden, gilt gleichermaßen: Schalen und Töpfe alle drei Tage um 180 Grad drehen, damit sie sich gleichmäßig zum Licht entwickeln.

Einsatz von Kunstlicht in der Vorkultur

Fensterbank-Anzuchten bringen vor allem bei den ersten Aussaaten, die Ende Januar bis Ende Februar starten, selten starke Jungpflanzen hervor. Selbst an einem Südfenster lassen sich langsam wachsende Arten wie Physalis, Paprika und Melanzani meist nur schlecht vorziehen. Die Pflanzen leiden im Spätwinter unter zu wenig intensivem Licht und unter zu geringer Tageslichtlänge. Vor allem in Kombination mit Zimmertemperaturen über 15 °C kommt es rasch zu ungünstigen Reaktionen wie langen dünnen Trieben und klein bleibenden Blättchen; die Pflanzen „vergeilen".
Willst du trotzdem zeitig im Jahr deine eigenen Jungpflanzen vorziehen, empfiehlt sich der Einsatz von Kunstlicht. Mittlerweile gibt es eine Fülle von Pflanzenlampen, die durch LED-Technik viel sparsamer und zugleich leistungsstärker sind. Ihr Farbspektrum sollte für die Jungpflanzenanzucht geeignet sein, denn tropische Zimmerpflanzen und Blühpflanzen brauchen ein anderes Spektrum als für das Freiland bestimmtes Gemüse.
Wem die Investition in Pflanzenlampen zu hoch ist oder die Voranzucht generell zu aufwendig, der findet in Gärtnereien ein reichhaltiges, professionell gezogenes Jungpflanzenangebot. Überlege dir vor dem Kauf unbedingt, ob die angebotenen Pflanzen überhaupt schon ins Beet dürfen. Wir verzeichnen gerade in Baumärkten und im Lebensmittelhandel einen immer früher startenden Verkaufswettbewerb mit eigentlich wärmebedürftigen Kulturen, die nicht vor Mitte Mai ins Freie sollten.

NATUR im GARTEN Tipp

Licht: Wachstumsfaktor Nr. 1

Bei der Gemüseanzucht bewähren sich eine Lichtstärke von ca. 10.000 Lux und eine Beleuchtungsdauer von ca. 14 Stunden. Mit Apps wie dem „Lux Light Meter" lässt sich die Messung mit dem Handy rasch vornehmen. Probiere unterschiedliche Stellen aus, du wirst überrascht sein, wie schnell die Lichtstärke mit zunehmender Entfernung vom Fenster abnimmt.

Besseres Wachstum durch optimales Licht.

Pikieren

Die Jungpflanzen sollten aus der nährstoffarmen Anzuchterde pikiert, also vereinzelt werden, sobald die Keimblätter voll ausgebildet sind und das erste Laubblattpaar sichtbar wird. Lass dich aber nicht täuschen, die Keimblätter haben oft eine ganz andere Form als die Laubblätter. So ist die optimale Licht- und Nährstoffversorgung gewährleistet. Stehen die Pflänzchen zu dicht und werden nicht pikiert, stellen sie das Wachstum allmählich ein und verkümmern. Am besten eignet sich ausgereifte Komposterde für die Befüllung der Pikier-

töpfe oder du kaufst Pflanzerde im Fachhandel. Beide bieten genug Nährstoffe für das Wachstum. Auch hier gilt es wieder, auf torffreie Produkte zu achten – der Umwelt zuliebe.
Übrigens werden größere Samen, z. B. von Kürbis, Zucchini und Mais, gleich in einzelne Töpfe gesät, du musst also nicht mehr vereinzeln.

Die ersten Laubblätter sind da und die Pflänzchen beginnen, sich zu bedrängen – höchste Zeit zum Pikieren.

Zum Pikieren eignen sich Bleistifte, Kugelschreiber, Essstäbchen oder Ähnliches, es gibt im Fachhandel auch spezielle Pikierstifte. Mit dem Pikierstift fährst du möglichst weit unter das Pflänzchen, hebelst es sanft mitsamt den Wurzeln heraus und pflanzt es in die bereitgestellten Pikiertöpfe. Dazu kannst du mit dem Pikierstab zuvor ein kleines Loch in die Pflanzerde machen. Bei der Befüllung ist darauf zu achten, dass die Erde im Pflanztopf leicht angedrückt wird, sonst sackt sie – gemeinsam mit der Jungpflanze – beim Eingießen nach unten. Durch das Vereinzeln wird auch das Wurzelwachstum angeregt, außerdem fördert es die Ausbildung eines kompakten Wurzelballens, vor allem, wenn überlange Keimwurzeln um ein Drittel eingekürzt werden. Ein Umbiegen der Wurzeln nach oben ist bei diesem Vorgang unbedingt zu vermeiden, weil es zu Wachstumsverzögerungen führt. Also hab keine Scheu, die überlange Wurzel mit dem Fingernagel einfach abzuknipsen. Während Salat oder Fenchel nicht zu tief pikiert werden sollen, kommen Paprika und Paradeiser tiefer in die Erde. Diese Pflanzen können auch am Stamm Wurzeln ausbilden, deshalb fördert diese Maßnahme die Standfestigkeit und die Ausbildung eines kompakten Wurzelballens. Als Faustregel gilt: Die Keimblätter bleiben 1–2 cm über der Erde.

Das kannst du noch tun

Nach dem erfolgreichen Umsetzen gießt man die Pflänzchen behutsam ein und stellt sie an einen kühleren, aber hellen Ort, nicht wärmer als 17 °C. Durch regelmäßiges, vorsichtiges Streicheln oder Anpusten der jungen Pflänzchen wird die Feinwurzelbildung angeregt. Solange die Pflänzchen drinnen stehen und keinem Wind ausgesetzt sind, hilft das Streicheln dabei, eine bessere Standfestigkeit und Widerstandsfähigkeit von Stängeln und Blättern aufzubauen. Pflanzen, die direkt ins Freie gesät werden, werden von Anfang an vom Wind gestreichelt.

Umzug ins Freie

Bevor du das Gemüse ins Freie setzt, müssen die Pflanzen behutsam an die raueren Bedingungen im Freiland gewöhnt werden. Die Setzlinge lernen dadurch, sich auf niedrigere Temperaturen, Temperaturschwankungen, höhere Verdunstung und auf die ungewohnte UV-Strahlung einzustellen. An bedeckten, möglichst windstillen Tagen können die Pflanzen zum Umgewöhnen stundenweise an die Frischluft gestellt werden, man spricht vom Abhärten. Gibt es ein Frühbeet, können die Jungpflanzen zuerst ins Frühbeet, das nachts abgedeckt oder verschlossen wird, gestellt werden.
Für die Anpassung ans Sonnenlicht brauchen die kleinen Pflanzen mehrere stundenweise Ausflüge ins direkte Licht. Andernfalls droht den zarten Blättern ein Sonnenbrand, der das Wachstum für einige Zeit verlangsamen wird. Sollten Sonne und Wind doch einmal für Schäden sorgen, ist das kein Grund, die Pflanzen wegzuwerfen. Sie werden sich bei guter Pflege rasch erholen und weiterwachsen.
Du kannst die Töpfe auch an die Hauswand oder an einen anderen geschützten Ort stellen und nachts mit einem Vlies oder ei-

Tomaten kommen ab Mitte Mai ins Freie. Sie werden etwas tiefer gesetzt, als sie im Topf standen. © Natur im Garten

nem Karton vor etwaigen Frösten schützen. Frostempfindliche Südländer wie Paradeiser, Paprika und Co. werden ohnehin erst nach den Eisheiligen ins Freie gesetzt.

Direktsaat – ohne Umweg ins Beet

Es hat durchaus Vorteile, Pflanzen direkt ins Beet zu säen, aber nicht alle Kulturen eignen sich dafür. Die wärmeliebenden Pflanzen würden zu spät Früchte ansetzen, und solche mit sehr feinem Saatgut keimen schlecht, weil es zu tief in die Bodenspalten rutscht. Wurzelgemüse, vor allem Karotten und Pastinaken, möchten aber von Anfang an im endgültigen Boden sitzen, sonst kommt es später leicht zu Wurzelverkrümmungen; die Vorkultur lohnt hier also nicht.
Hast du deine Beete so vorbereitet, dass sie eine feinkrümelige Oberschicht haben, sind gute Voraussetzungen für eine Direktsaat gegeben. Ziehe nun eine Saatrille und drücke sie mit einem daumendicken Holzstab fest an, damit die Samen sich gut und gleichmäßig einstreuen lassen. Dann decke die Samen mit Erde zu und drücke vor dem Angießen wieder fest an, damit sie nicht weggeschwemmt werden.
Auch kältefeste Gemüse wie Frühlingszwiebeln, Spinat, Erbsen, Ackerbohnen oder Petersilie können getrost gleich im Beet angezogen werden. Einen Haken gibt es allerdings: Wenn die Schnecken mit steigenden Temperaturen aktiv werden, ist das Nahrungsangebot noch nicht sehr groß und sie machen sich mit Vorliebe über die ersten Jungpflanzen her. Achte also gut auf diese Quälgeister und halte die Saat konstant feucht, damit die Samen rasch keimen und ihren Fans davonwachsen. Der Einsatz von Schneckenzäunen und Vlies, als Schutz vor kalten Winden und Morgentau, kann hier sehr zielführend sein.

Vegetative Vermehrung

Manche Gartenpflanzen werden nicht in erster Linie über Samen vermehrt, sondern über Ausläufer, Stecklinge oder Steckhölzer. Sie haben also die Fähigkeit, sich aus verschiedenen Organen wie Spross, Blatt oder Wurzel ungeschlechtlich zu vermehren. Die daraus hervorgehenden Tochterpflanzen haben genau die gleichen Eigenschaften wie die Mutterpflanze, entsprechen also einem „Klon". Jede Pflanzenart braucht dabei die passende Methode. Im Folgenden stellen wir einige im Gartenbau gebräuchliche Methoden der ungeschlechtlichen Vermehrung von Nutzpflanzen vor. Ganz allgemein gilt: Die Pflanzenteile werden am besten von jungen, kräftigen, von Krankheiten und Schädlingen freien Pflanzen abgenommen.

Gut zu wissen

Die Vorteile der vegetativen Vermehrung liegen in der schnellen, billigen Gewinnung einer großen Menge an Tochterpflanzen. Auch Pflanzen, die die Fähigkeit zur sexuellen Fortpflanzung verloren haben, können so weitervermehrt werden.

Steckhölzer

Fruchtsträucher wie Ribiseln (Johannisbeeren), Himbeeren, Jostabeeren, Dirndl (Kornelkirschen) oder Stachelbeeren können mit kurzen, ca. 30 cm langen, verholzten Triebstücken vermehrt werden. Sie sollten möglichst gleich nach dem Schnitt in den Boden gesteckt werden, damit sie nicht austrocknen. Wird das Steckholz nicht sofort verarbeitet, kann es in feuchtem Sand bis zum Frühling überdauern. Der ideale Zeitpunkt zum Schneiden der Steckhölzer ist der Herbst, wenn die Sträucher das Laub verloren haben.

So gehst du vor:

1. Mit einem scharfen Messer oder einer Bypassschere unterhalb eines Blattknotens einen bleistiftdicken, 20–30 cm langen Zweig von einjährigen Trieben mit 3–4 Augen (Knospen) schräg abschneiden.
2. Das obere Ende knapp oberhalb eines Auges, etwa 0,5 cm, gerade abschneiden. Auf diese Weise kannst du später oberes und unteres Ende problemlos unterscheiden. In der Nähe der Knoten sind besonders viele Wachstumshormone enthalten. Steckhölzer, die in Knotennähe angeschnitten wurden, wurzeln deshalb besonders gut an.
3. Entweder gleich zu zwei Dritteln an den vorgesehenen Platz im Garten in die Erde oder zu zwei Dritteln in einer Kiste mit feuchtem Sand oder in ein Frühbeet stecken. Im Winter bei 1–5 °C kühl und frostfrei lagern, idealerweise in einem dunklen Lagerraum.
4. Im März die überwinterten Stecklinge zu zwei Dritteln in ein Gemisch aus Erde und Sand (1 : 1) stecken.
5. Wenn sich Wurzeln gebildet haben und der Steckling wächst, kann er am Bestimmungsort eingepflanzt werden.

Krautige Kopfstecklinge

Pflanzen mit weichen Blättern und krautartigem, nicht verholzendem Wuchs lassen sich vegetativ über krautige Kopfstecklinge vermehren – aber auch bei verholzenden Gewächsen, wenn man die jungen, krautigen Triebe verwendet. Krautige Kopfstecklinge bewähren sich vor allem bei Küchenkräutern wie Basilikum, Bergbohnenkraut, Lavendel, Oregano, Rosmarin, Salbei, Thymian, Weinraute, Ysop oder Zitronenmelisse. Ideale Zeitpunkte dafür sind Juni und Juli.

So gehst du vor:

1. Triebenden mit 3–4 voll entwickelten Blättern oder Blattpaaren abschneiden. Die unteren Blätter einkürzen, um so die Verdunstungsfläche zu verringern.

2. Eine Kiste oder einen Blumentopf mit einem Gemisch aus Gartenerde und Sand (1 : 1) oder torffreie Anzuchterde befüllen. Lockeres, gut durchlüftetes und nährstoffarmes Substrat regt das Wurzelwachstum an. Die Stecklinge ins Substrat stecken, andrücken und angießen.

3. An einen geschützten Standort ohne Zugluft stellen, am besten an einen hellen Platz ohne direkte Sonneneinstrahlung bei 22–24 °C.

4. Mit einem übergestülpten Glas oder einer anderen lichtdurchlässigen Abdeckung für hohe Luftfeuchte sorgen. Diese nach der Wurzelbildung entfernen und die Stecklinge in leicht nährstoffhaltige Erde umtopfen.

Absenker

Der Vorgang des Absenkens ist einfach und schonend für die Mutterpflanze. Man wendet diese Methode gern bei verschiedenen Beerensträuchern an, wie Ribiseln, Stachelbeeren, Himbeeren und Brombeeren sowie bei heimischen Wildsträuchern, z. B. Holunder, und verholzenden Kräutern, wie Salbei und Rosmarin. Dabei wird ein Zweig im Frühling auf den Boden hinabgebogen und fixiert. Es dauert relativ lange, bis sich der Trieb bewurzelt und die entstandene Tochterpflanze von der Mutterpflanze abgetrennt werden kann. Also hab Geduld.

So gehst du vor:

1. Einen langen, unverzweigten, jungen Trieb auswählen und vorsichtig nach unten biegen. Die Bodenstelle, an der der Trieb aufliegt, von Unkraut befreien und dort ein kleines, etwa 10–15 cm tiefes Loch graben.
2. Einen Blattknoten, der 45–50 cm vom Triebende entfernt ist, für die Bewurzelung vormerken.
3. Mit einem U-Haken oder einem Stein den Zweig in der Grube fixieren, ohne ihn abzubrechen. Der oberste Teil schaut bogenförmig aus der Grube. Er kann an einem kleinen Stock fixiert werden. Das Loch mit Erde zuschütten und festdrücken.

Absenker bei Johannisbeeren.
© Natur im Garten/M. Beneš-Oeller

4. Den Boden in der gesamten Vegetationsperiode feucht halten.
5. Im darauffolgenden Frühling den Zweig möglichst nah an der neuen Pflanze abschneiden. Die so entstandene Tochterpflanze an der gewünschten Stelle einpflanzen.

Ableger

Bei dieser Methode wird der Trieb nicht bogenförmig in der Erde fixiert, sondern waagrecht. Auf diese Weise können mehrere Jungpflanzen gewonnen werden.

So gehst du vor:

1. Einjährige, unverzweigte Triebe auswählen und in 10–15 cm tiefen Rinnen fixieren. Die Triebe zunächst offen darin liegen lassen.
2. Nach dem Austrieb die Rinnen zuschütten und leicht anhäufeln. Aus den Knoten treiben junge Pflanzen aus.
3. Im kommenden Frühjahr die bewurzelten Triebe auseinanderschneiden und umsetzen.

Anhäufeln

Diese Methode ist vor allem für verschiedene Beerensträucher wie Ribiseln, Stachelbeeren, Himbeeren, Brombeeren und heimische Wildsträucher wie Holunder geeignet, bei denen auch Ablegervermehrung praktiziert wird.

So gehst du vor:
1. Im Spätwinter, noch vor dem Austrieb, ein- bis zweijährige Triebe mit lockerer, sandig-humoser Erde anhäufeln. Während des Frühlings und Sommers nachhäufeln, weil die Erde durch Regen zusammensackt. Im Herbst sind die Triebe ausreichend bewurzelt.
2. Die Triebe vorsichtig freilegen und dicht an der Basis abschneiden.
3. In ein gut vorbereitetes, mit lockerer Erde befülltes Pflanzloch setzen.
4. Ein kräftiger Rückschnitt bis auf drei Augen/Knospen erleichtert das Anwachsen.

Ausläufer

Als Ausläufer bezeichnet man ober- oder unterirdisch wachsende Sprossachsen mit sehr langen Internodien; das sind die Sprossachsen zwischen zwei Knoten. Aus ihnen können sich Jungpflanzen mit sprossbürtigen Wurzeln entwickeln. Meist bewurzeln sich die Ausläufer, während sie noch an der Mutterpflanze hängen. Man muss sie also nur noch abnehmen und eintopfen. Vor allem Erdbeeren werden über Ausläufer vermehrt. Als Substrat empfiehlt sich sandige, humose Erde.

So gehst du vor:
1. Kleine Töpfchen mit ca. 9 cm Durchmesser mit Komposterde befüllen.
2. Die Ausläuferenden auf die Erde legen und mit einem kleinen Stein oder einer Klammer fixieren. Dadurch setzt die Wurzelbildung ein.
3. Wenn ein fester Wurzelballen entwickelt wurde, trennt man die kleinen Erdbeerpflanzen von der Mutterpflanze und pflanzt sie an den neuen Standort. Geschieht dies bis Mitte August, kann die Jungpflanze im Folgejahr schon blühen und fruchten.

Ausläufervermehrung bei Erdbeeren.

© Holland-Biermaier

NATUR im GARTEN Tipp

Ausläufer reduzieren!

Wird die Ausläuferbildung bei Erdbeeren nicht kontrolliert und eingedämmt, bilden sich sehr dichte Bestände aus, die schädlings- und krankheitsanfälliger sind. Meist setzt die Ausläuferbildung während und nach der Fruchtbildung voll ein. Entferne alle Ausläufer, die du nicht brauchst, nahe der Mutterpflanze.

Liebstöckel teilen.

Teilen

Das Teilen von Pflanzen hat meist eine belebende Wirkung auf den Bestand. Besonders Kräuter wie die Minze dringen mit Trieben und Wurzeln in neues Terrain vor und sterben an den zuvor besiedelten Stellen ab. Solche Pflanzen haben eine Strategie des Wanderns entwickelt, weil sich der Boden durch den Nährstoffentzug verbraucht. Andererseits werden Stoffe ausgeschieden, die dem weiteren Wachstum nicht förderlich sind. Auch Stauden und Kräuter wie Baldrian, Estragon, Indianernessel, Liebstöckel, Oregano, Sauerampfer, Schnittlauch, Waldmeister, Weinraute, Wermut und Zitronenmelisse können durch Teilung vermehrt werden. Die Teilung wird in der Vegetationsruhe, an frostfreien Tagen im Spätherbst oder spätestens im Frühling vor dem Austrieb durchgeführt. Die Ballen werden ausgegraben und mit einem Spatenstich durchteilt.

So gehst du beim Teilen von Liebstöckel vor:

1. Grabe die Pflanze mit Wurzelballen aus und entferne Beikräuter.
2. Teile mit dem Spaten den Ballen je nach Größe zwei- bis viermal.
3. Pflanze den Kleinballen in einem Mindestabstand von 0,5 m in nährstoffreiche Komposterde ein und gieße gründlich an.

Auch alte, vergreiste Ribiselsträucher können auf diese Weise verjüngt werden. Man gräbt dazu einen alten Strauch so gut es geht aus und teilt den Wurzelstock mit einer alten Gartensäge oder mit einem scharfen Spaten. Die so erhaltenen Teilstücke werden an einer neuen Stelle eingepflanzt. Auch das macht man am besten im Herbst, wenn die Sträucher das Laub verloren haben.

Fruchtfolge und Mischkultur

Als Fruchtfolge bezeichnet man die jährliche Abfolge von Gemüse mit hohem, mäßigem und niedrigem Nährstoffbedarf sowie Gründüngungspflanzen (siehe Seite 111) auf dem Beet. Schon im Frühmittelalter zur Zeit Karls des Großen erkannten die Menschen, dass Kulturpflanzen den Boden einseitig auslaugen und das Feld nach einiger Zeit weniger Ertrag liefert. Um dieser sogenannten Bodenmüdigkeit vorzubeugen, setzte sich deshalb die Dreifelderwirtschaft durch. Sie wurde dann mit der Grünbrache, vergleichbar mit einer Erholungskur für den Boden, zur Vierfelderwirtschaft weiterentwickelt.

Warum ermüdet der Boden?

Einerseits spielt der pflanzentypische Nährstoffbedarf eine Rolle: Zucchini entwickeln viele große Früchte und entziehen dem Boden dafür viel Stickstoff, während Erbsen durch das Zusammenspiel mit luftstickstoffbindenden Bakterien den Boden sogar mit Stickstoff anreichern. Andererseits zieht jede Kultur ihre spezifischen Schädlinge und Krankheitserreger an. Würden wir also laufend nur Erbsen anbauen, würden sich Arten wie Erbsen-, Blattrandkäfer und Erbsenwickler stark vermehren und die Erträge immer weiter reduzieren.
Beim Gärtnern in Kistchen, Kübeln und Hochbeeten spielt die Fruchtfolge eine untergeordnete Rolle, weil die Erde immer wieder ergänzt oder sogar ganz ausgetauscht wird. Damit werden Nährstoffe zugeführt, Krankheitserreger und Schädlinge hingegen entfernt. Arbeitest du jedoch in dauerhaften Gartenbeeten (und das hat große Vorteile), bedarf es ein paar grundsätzlicher Überlegungen, damit der Boden fruchtbar und ertragreich bleibt.

Eine bunte Mischkultur. © B. Schrattenholzer

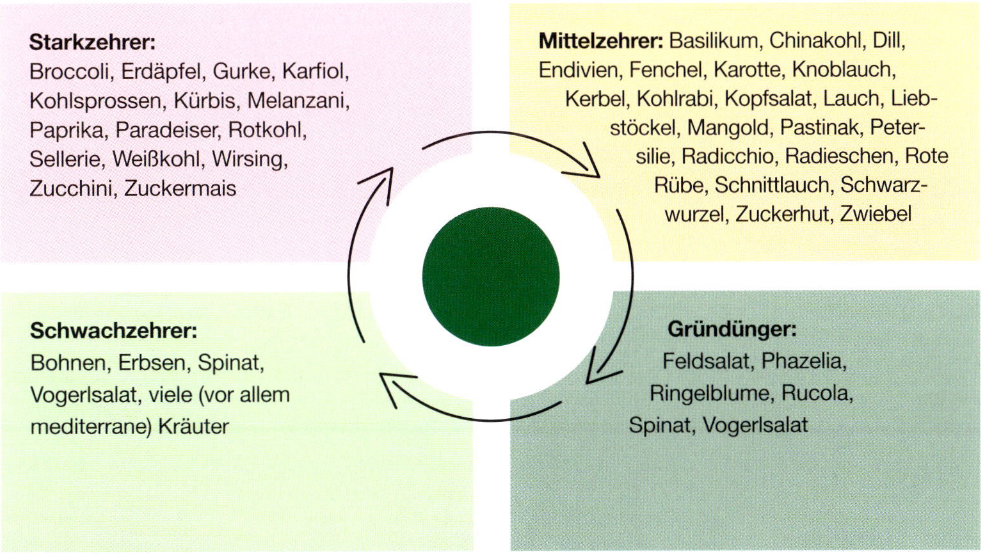

Bei der Vierfelderwirtschaft rotieren die Pflanzen, sortiert nach ihrem Nährstoffbedarf, über die Beete.

Die eingangs erwähnte, noch heute weitverbreitete Methode ordnet Pflanzen anhand des Nährstoffbedarfs und gestaltet einen Kreislauf aus Starkzehrer-, Mittelzehrer- und Schwachzehrer-Beeten. Hat man genug Platz, kann man analog zur Vierfelderwirtschaft ein Jahr Gründüngung, also eine Anbaupause anschließen, um den Boden gezielt zu verbessern und mit Nährstoffen anzureichern, bevor man wieder mit den Starkzehrern startet. Der Vorteil dieser Methode ist, dass die Düngung sehr gut auf den Nährstoffbedarf abgestimmt werden kann. Allerdings bleiben gerade bei Kulturen mit hohem Wärmebedarf viele Wochen oder gar Monate, in denen die Flächen brach liegen.

Vor-, Haupt- und Nachkulturen

Mehr Ertrag auf gleicher Fläche lässt sich erzielen, wenn man die klassische Fruchtfolge mit dem Prinzip der Vor-, Haupt- und Nachkultur verbindet. Vor der Hauptkultur wachsen vor deren Aussaat oder Pflanzung und nach der Ernte im selben Jahr noch schnellwüchsigere Kulturen wie Salat. Vollständige Kombinationen aus Vor-, Haupt- und Nachkultur funktionieren nur bei mildem Klima und langer Vegetationsperiode, daher kombiniert man die Hauptkultur meist entweder mit einer Vor- oder mit einer Nachkultur.
Die Hauptkultur folgt dem schon beschriebenen Beetplan. Beispielhaft kann das so aussehen:

BEISPIEL FÜR EINEN BEETPLAN

Jahr	Zehrer	Vorkultur	Hauptkultur	Nachkultur
1	Starkzehrer	Salat	Tomate	Spinat
2	Mittelzehrer	Spinat (aus dem Vorjahr)	Karotte	
3	Schwachzehrer		Puffbohne	Endivie

Beispiel einer Beetplanung für drei Jahre:

- **Anbaujahr 1:** Wir starten im Februar/März mit Salat als Vorkultur. Der Salat entzieht dem Boden nur wenige Nährstoffe und lässt sich schon nach kurzer Zeit ernten, so ist er eine wertvolle Vorkultur für die jetzt folgenden Tomaten, unsere Starkzehrer als Hauptkultur. Sie kommen erst Mitte Mai aufs Beet und wir ernten bis zum Herbst; ab September sind die unteren Sprossteile schon reduziert und so ist am Boden wieder Licht für die Nachkultur. Wir säen Spinat ein, der als Schwachzehrer mit dem, was die Tomaten an Nährstoffen übriglassen, prima zurechtkommt. Entweder ernten wir den Spinat im Spätherbst oder er bleibt als Gründüngung stehen bis zum nächsten Jahr.
- **Anbaujahr 2:** Wir ernten den Spinat, sofern er nicht abgefroren ist, oder arbeiten die Überreste oberflächlich ein. Die Nachkultur des Vorjahrs wird also zur Vorkultur des 2. Anbaujahrs. Im März folgt als Mittelzehrer nun die Hauptkultur, die Karotte. Sie steht je nach Sorte relativ lange am Beet. Wenn wir die einzelnen Reihen im Abstand von zwei Wochen ansäen, strecken wir den Erntezeitraum über mehrere Wochen und haben immer wieder frische Karotten. Mit etwas Winterschutz können sie sogar im Frühwinter im Beet bleiben. Vor stärkeren Frösten sollten sie dann aber geerntet werden. Auf diese Weise können wir auf die Nachkultur verzichten.
- **Anbaujahr 3:** Wir starten sehr zeitig, schon Anfang Februar, mit der kältefesten Puffbohne bzw. Ackerbohne als Hauptkultur. Sie baut Stickstoff auf und ist im Juni erntereif. Nun folgen als Nachkultur entweder Winterendivien oder Knollenfenchel. Sie bleiben im Winter im Beet und werden je nach Klima und Witterungsverlauf bis zum Frühjahr geerntet.

Pflanzenfamilien-Bande

Mit diesen zwei Prinzipien hat man die pflanzenbaulichen Ansprüche der Pflanzen aber noch nicht ganz erfasst. Um den Befallsdruck mit Krankheiten und Schädlingen und die Unverträglichkeiten zwischen einzelnen Pflanzenfamilien zu berücksichtigen, sollte man bei der Anbauplanung auch den Verwandtschaftsgrad (Pflanzenfamilien) der Kulturen beachten. Du kannst innerhalb der Pflanzenfamilie mischen, also auf einem Beet z. B. verschiedene Nachtschattengewächse anbauen, aber im Folgejahr sollten Vertreter einer anderen Pflanzenfamilie angebaut werden. Außerdem werden bei den Arten Anbaupausen empfohlen, z. B. sollten Erbsen erst nach sechs Jahren wieder auf demselben Beet angebaut werden, Buschbohnen hingegen kann man schon nach vier Jahren wieder an Ort und Stelle kultivieren.

ANBAUPAUSEN (JAHRE)

Pflanzenfamilie	Pflanzenarten (in Klammern: Anbaupause)
Doldenblütler	Karotten (4), Knollenfenchel (4) Pastinaken (4)
Fuchsschwanzgewächse	Spinat (3)
Gänsefußgewächse	Rote Rüben (4)
Hülsenfrüchte	Erbsen (6), Buschbohnen (4), Puffbohnen (5), Sojabohnen (4), Stangenbohnen (4)
Korbblütler	Radiccio (4), div. Kopf- u.Pflücksalate (2–3), Topinambur (0), Zuckerhut (4)
Kreuzblütler	Kohlrabi (4), Kohlsprossen (4), Radischen (4), Rettich (4), Brokkoli (4), Karfiol (4), Wirsing (4), Kraut/Kohl (4)
Kürbisgewächse	Gurken (4), Kürbisse (4), Zucchini (4)
Lauchgewächse	Knoblauch (4), Lauch (4), Zwiebeln (4)
Nachtschattengewächse	Kartoffeln (4), Melanzani bzw. Aubergine (4), Paprika (4), Physalis (4), Tomaten (4)

Du siehst schon: Wenn man alles richtig machen will, ist die Anbauplanung ein komplexes Puzzle! Der wesentlichste Punkt ist zu guter Letzt jedoch dein Bedarf. Es macht keinen Sinn, bestimmte Kulturen anzubauen, damit die Fruchtfolge stimmt, ob-

Tipp

Anbauplanung im Detail

Einen hohen Selbstversorgungsgrad anzustreben, bedeutet auch, auf eine hohe Ertragssicherheit angewiesen zu sein. In diesem Fall empfehlen wir dir die Prinzipien der biologischen Marktgärtnerei. Einer ihrer Pioniere ist Jean-Martin Fortier. In seinem Buch „Biogemüse erfolgreich direkt vermarkten“ (Löwenzahn Verlag) beschreibt er die professionelle Anbauplanung sehr anschaulich.

wohl man sie gar nicht isst. Wenn dir die Kombination der drei Prinzipien zu komplex ist, dann entscheide dich für eines und beginne damit. Mit wachsender Erfahrung wirst du nach und nach die für dich passenden Kombinationen finden.

Mischkultur

Die Mischkultur hat eine lange Tradition und Geschichte. Bereits griechische und römische Naturforscher in der Antike machten Aufzeichnungen darüber, welche Pflanzen sich in unmittelbarer Nachbarschaft gut oder weniger gut vertragen.
Im Mittelalter war es in Klostergärten üblich, Blumen, Kräuter und Gemüsepflanzen auf Beeten miteinander zu kombinieren. Zierpflanzen wie Rosen, Malven oder Madonnenlilien waren als Heilpflanzen in Gebrauch. Das Pflanzenwissen aus den Klöstern wurde über die Zeit an die Bauern weitergetragen, und so blieb es bis heute durch die traditionellen Bauerngärten lebendig.
Bauerngärten sind bis heute dafür bekannt, dass Gemüse, Kräuter und Blumen in bunter Mischung scheinbar durcheinanderwachsen. Dieses „Durcheinander mit System“ ist eine Augenweide für die Betrachter und Schlaraffenland für Insekten, Vögel und Kleintiere. Ein natürliches Gleichgewicht aus Nützlingen und Schädlingen stellt sich durch das vielfältige Angebot im Beet ein.
Und das ist das große Plus der Mischkultur: Durch die Vielfalt im Beet entsteht Verwirrung bei den Schädlingen. Die vielen Düfte und Formen, die sich aus der Mischkultur ergeben, führen vor allem dazu, dass Schädlinge, die auf bestimmte Futterpflanzen spezialisiert sind, nicht ausreichend Nahrung für die vollständige Entwicklung finden.

Durch lange Tradition der Bauerngärten kann heute altes Wissen von uns neu entdeckt und erprobt werden. © M. Beneš-Oeller

Unsere Gemüsescheibe ist praktisch: Egal ob bei der Anbauplanung oder während der Saison direkt auf dem Beet, gibt sie rasch einen Überblick über die Pflanzenfamilien und deren Anbauzeiten. Unter https://naturimgarten.shop ist die Scheibe erhältlich.

Außerdem sind in der bunten Mischung auch immer Nützlinge zur Stelle. Diese „Schädlingspolizei" besteht aus Florfliegen, Schwebfliegen, Zehrwespen, Marienkäferlarven, Spinnen oder Vögel, um nur einige bekannte Vertreter für die natürlichen Gegenspieler der Blattläuse zu nennen. Sie verspeisen oder parasitieren die Lauskolonien meist noch, bevor große Schäden an den Pflanzen auftreten.
Wird im Gegensatz dazu das Gemüse in Monokultur, also auf großer Fläche nur eine Kultur angebaut, so ist das Resultat nach mehreren Jahren ein müder, ausgelaugter Boden – ein Armutszeugnis für die Artenvielfalt und eine fade Angelegenheit für den Betrachter. Das erhöhte Risiko von Schädlingsaufkommen oder Ernteverlusten in der Monokultur sollte obendrein Plädoyer für eine abwechslungsreiche Fruchtfolge und Mischkultur sein.

NATUR im GARTEN *Tipp*

Reihenmischkultur

Hast du es gern übersichtlich, dann kannst du die Reihenmischkultur anwenden. Dabei stehen nur Pflanzen einer Art in der gleichen Reihe, in den Nachbarreihen wachsen andere Arten. Auf diese Weise kannst du die Pflanzen einer Reihe gut im Blick behalten und erkennst rasch, wenn einzelne wegen Schädlingsbefall kümmern oder wenn die ersten erntereif sind.

© T. Bachmayr

Kapuzinerkresse auf einer Baumscheibe angepflanzt. © T. Bachmayr

Blumen und Kräuter als Beetpartner

Das wichtigste Gebot bei der Zusammenstellung künftiger Beetpartner lautet: Die Mischung soll Sinn machen und praktikabel sein. Auch wenn sich Kohlgewächse mit Kamille oder Dill vertragen, sollte Kohl als Starkzehrer nicht in ein mageres Kräuterbeet gepflanzt werden, denn dort würde er „verhungern". Stattdessen setzt man die Kräuter ausnahmsweise ins Starkzehrerbeet zum Kohl. Einjährige Kräuter oder Salate passen im Gemüsebeet dorthin, wo sie Lücken zwischen den Hauptkulturen füllen oder diese im Wachstum begünstigen.
Du merkst sicher schon, dass man sich mitunter zwischen einer konsequenten Fruchtfolge und einer förderlichen Mischkultur entscheiden muss. Es kommt darauf an, was gerade wichtiger ist: Will man einen möglichst hohen Ertrag einfahren oder robuste, hübsche Mischungen kombinieren, bei denen auch mal ein Kohlrabi unter den wuchernden Bohnenranken übersehen wird? Letztendlich solltest du nicht nach perfekten Kombinationen streben; probiere einfach aus, was dir passend erscheint. Schnell wirst du aus deinen Erfahrungen deine Lieblingskombinationen entwickeln, die zu deinen Ernährungsgewohnheiten, dem örtlichen Klima und deinem Boden passen.

Tomaten in Mischkultur mit Basilikum sind ein harmonisches Ensemble auf Beet und Teller. Wachsen die beiden nebeneinander, entfalten sich die Aromen ausgesprochen gut und intensiv. © T. Bachmayr

Gute Kombinationen

Karotte und Zwiebel: Werden Karotten und Zwiebeln zusammen angebaut, vertreiben sie sich gegenseitig lästige Gemüsefliegen. Durch die Duftstoffe, sogenannte Alliine, der Zwiebel wird die Möhrenfliege vertrieben, deren Maden erhebliche Fraßschäden an Karotten anrichten können. Andersherum kann die Zwiebelfliege den Geruch von Karotten nicht leiden und legt ihre Eier nicht gern in ihrer Nähe ab. So kann die Mischkultur zum vorbeugenden Pflanzenschutz in der Praxis beitragen.

© M. Liehl-Rainer

Lauch mit Karotte in Reihenmischkultur.

© M. Liehl-Rainer

Lavendel zieht Honigbienen und Hummeln magisch an, die für die Bestäubung vieler Kulturpflanzen wichtig sind.

Tomaten und Kohlgewächse oder Sellerie: Ist dir der Geruch von Tomatentrieben vom Ausgeizen bekannt? Dann weißt du genau, welche Duftstoffe Kohlweißlinge, Kohleule, Kohlfliegen und Erdflöhe nicht vertragen. Sitzt Sellerie zwischen den Tomaten, ist er für Rostpilzerkrankungen weniger anfällig.

© M. Beneš-Oeller

Mischkultur Erdbeere mit Knoblauch.

Buschbohnen und Bohnenkraut: Der intensive Duft des Bohnenkrauts macht sich nicht nur gut in Eintöpfen. Im Gemüsegarten wird Bohnenkraut häufig zur Abschreckung der Schwarzen Bohnenlaus als Pflanzpartner angebaut.
Erdbeeren und Knoblauch: Wächst Knoblauch neben Erdbeeren, so kann er Erdbeermilben und Grauschimmel (eine gefürchtete Pilzinfektion) von ihnen fernhalten. Viele der erwähnten Duftstoffe werden im biologischen Pflanzenschutz als Wirkstoffe oder zur Pflanzenstärkung eingesetzt (siehe Seite 101).

Flach- und Tiefwurzler kombinieren

Günstige Nachbarn stehen zueinander nicht in Konkurrenz, sondern ergänzen sich gut – das trifft auch auf die unterirdische Wurzelnachbarschaft zu. Gemüsekulturen können aufgrund ihres Wurzelbildes in Flach- und Tiefwurzler eingeteilt und so im Sinne des ausgeglichenen Nährstoffhaushalts nebeneinandergepflanzt werden.

- Tiefwurzler: Artischocke, Bohne, Karotte, Knollensellerie, Kohlgemüse (außer Kohlrabi), Kren/Meerrettich, Kürbis, Löwenzahn, Mangold, Melanzani, Paprika, Pastinake, Lauch, Rettich, Rote Rübe, Schwarzwurzel, Spargel, Tomate
- Flachwurzler: Endivie, Erbse, Gurke, Kartoffel, Kohlrabi, Kohlrübe, Kopfsalat, Kresse, Mais, Melone, Petersilie, Radieschen, Schalotte, Schnittlauch, Spinat, Stangensellerie, Vogerlsalat/Feldsalat, Zwiebel

Mischkultur aus Stark-, Mittel- und Schwachzehrern

Eine weitere Möglichkeit, Kulturpflanzen zu kombinieren, liegt darin, solche mit hohem Nährstoffbedarf neben anspruchslosen Gründüngungspflanzen ins Beet zu setzen. Im Grunde genommen ist der Mix aus gefräßigen und genügsamen Pflanzenarten die gegenteilige Strategie zur Fruchtfolgerotation über getrennte Stark-, Mittel- und Schwachzehrerbeete, beides funktioniert auf seine Weise.
Als eine der ältesten Mischkulturen wird die Drei-Schwestern-Mischkultur aus Südamerika beschrieben. Die Maya und schon ihre Vorfahren kultivierten die sogenannte Milpa-Mischkultur, die aus Mais, Bohne und Kürbis besteht. Milpa bedeutet übersetzt so viel wie „das nahe gelegene Beet“ oder „Kornfeld“ – ein Beet, das permanent bewachsen und über lange Zeit beerntbar ist. Dieser Ansatz findet sich auch in der europäischen Permakultur wieder.
Beim Drei-Schwestern-Beet dient der Kürbis als Bodendecker, der mit seinen borstigen Blättern Maisdiebe abwehrt, der Zuckermais hingegen als Rankgerüst für die Bohnen. Mais ist ein Starkzehrer und profitiert von der Stickstoffanreicherung, welche die Knöllchenbakterien der Bohne bewirken. Die Bohne zählt zu den Leguminosen, eine Pflanzenfamilie, die Stickstoff aus der Luft mithilfe von Knöllchenbakterien im Boden fixieren kann. Die Pflanze geht mit den Bakterien eine Symbiose ein. Sie tauscht

mit den Knöllchenbakterien an der Wurzel Zucker gegen Stickstoff aus, dadurch wird Stickstoff an den Boden abgegeben und ist auch für die Nachbarpflanzen verfügbar.

Anbautipp für das Drei-Schwestern-Beet

Damit der Zuckermais der Bohne als robustes Rankgerüst dienen kann und nicht von Beginn an umschlungen und erdrückt wird, empfehlen wir das Vorziehen von Mais und die Wahl starkwüchsiger Maissorten und schwachwüchsiger Stangenbohnen, sogenannter Reiserbohnen. Mitte Mai wird das Beet angelegt. Steht noch eine Herbstgründüngung auf dem Beet, wird sie einige Tage vor der Bepflanzung flach abgehackt oder eingefräst und kann nach der Auspflanzung als Mulch genutzt werden. Wurde im März oder April eine Gründüngung gesät, kann sie auch bis Juni auf dem Feld bleiben und es werden nur die Pflanzstellen für Zuckermais und Kürbis freigehackt.
Haben die jungen Maispflänzchen nun eine Höhe von etwa 40 cm erreicht, werden sie ins Beet gesetzt und rund um jede Maispflanze je 3–4 Stangenbohnen in die Erde gelegt. Auch der Kürbis kann vorgezogen und als Jungpflanze am Rand des Beets gepflanzt werden. Er bedeckt, beschattet und kühlt den Boden.
Auch im Topf kann das Prinzip der Drei-Schwestern-Mischkultur umgesetzt werden. Hier sollte allerdings alle 14 Tage flüssig nachgedüngt werden, da Mais und Kürbis viele Nährstoffe brauchen. Bei der Pflanzung können Schafwollpellets als organischer Langzeitdünger verwendet werden.

Sortenempfehlungen für das Drei-Schwestern-Beet:

- Kürbis: Hokkaido, Öl- oder Muskatkürbis
- Mais: 'Ramunt'
- Bohne: Reiserbohne 'Blauhilde', 'Neckarkönigin', 'Neckargold'

Das Milpa-Beet kann beliebig abgeändert werden. Häufig werden Tomaten, Gurken, Zucchini oder Melonen anstatt Kürbis gepflanzt. Alle angeführten Kulturen sind wärmeliebend und kommen Mitte Mai aufs Feld. Kompostgaben und eine Mulchschicht oder Untersaat mit Gründüngern sind förderlich.
Tomaten und Stangenbohnen: Sie können entweder im Freiland oder im Gewächshaus nebeneinandergepflanzt und aufgeleitet werden. Den Tomaten kommt die Nährstoffzufuhr über die Stangenbohnen zugute.
Rosenkohl und Gurken: Vom leichten Schatten und Windschutz des Kohls profitieren Gurken. Als Bodendecker oder Gründüngung können Klee, Spinat, Löwenmäulchen oder auch Salate gesät werden.

Drei-Schwestern-Mischkultur. © Natur im Garten/K. Batakovic

Auch im Kleinen funktioniert die Mischkultur, hier in der Quadratbeetkultur. © Natur im Garten/T. Bachmayr

Pflanzen kommunizieren

Pflanzen kommunizieren über verschiedene Kanäle miteinander. Sie scheiden Stoffwechselprodukte über Wurzeln, Spross und Blätter aus, die das Wachstum ihrer Nachbarn fördern oder hemmen können. Diese Wechselwirkung von Pflanzen durch chemische Verbindungen wird als Allelopathie bezeichnet. Angehörige derselben Pflanzenfamilie scheiden gleiche oder ähnliche Substanzen aus und konsumieren ähnliche Mengen an Nährstoffen aus dem Boden.

Durch die ausgeschiedenen Stoffwechselprodukte von Pflanzen werden ober- und unterirdisch zum Teil auch ähnliche Schädlinge und Krankheitserreger angelockt. Daher ist eine gut durchdachte Fruchtfolge oder die Mischkultur mit unterschiedlichen Pflanzenfamilien vorteilhaft.

Reihenmischkultur (ABC-Kultur) nach Gertrud Franck

Die Kulturreihen werden jedes Jahr um eine halbe Reihe weitergerückt. So wird eine Abfolge der Pflanzenfamilien eingehalten und nebeneinander stehen Kulturen, die sich ergänzen. In den A-Reihen wachsen Gemüse mit langer Kulturdauer wie Paradeiser oder Spätkohl, die bis zum Saisonende auf der Fläche bleiben. In den B-Reihen stehen Karotten, Frühkraut, Buschbohnen, die eine mittellange Kulturzeit haben. In den C-Reihen (jeweils zwischen den A- und B-Reihen) wachsen schnelle Entwickler wie Salate, Radieschen, Kohlrabi, die nach 2–3 Monaten geerntet werden und dadurch den Platz freigeben für die Gemüse der A- und B-Reihen, die als Spätentwickler dann mehr Platz brauchen.

Unter https://naturimgarten.shop ist unsere praktische Mischkulturscheibe erhältlich.

Pflanzenstärkung und Pflanzenschutz

Große Verunsicherung herrscht bei vielen Gartenbesitzern, wenn sie ein für sie neues, unbekanntes Tier entdecken, noch dazu, wenn es in großer Anzahl auftritt. Es könnte sich um einen Schädling handeln. Leidvolle Erfahrungen, z. B. mit Nacktschnecken und Blattläusen, haben dazu geführt, dass unbekannte Tiere gleich unter Generalverdacht gestellt werden. „Wofür ist das Tier gut? Wie bekomme ich das weg?" sind häufig gestellte Fragen in unserem Beratungsalltag. Feuerwanzen treten beispielsweise speziell im Frühling nach der Winterstarre in großer Anzahl auf, sind aber harmlos. Sie saugen an Lindennüsschen oder an Kadavern toter Insekten. Es ist völlig sinnlos, sie mit Insektiziden zu vernichten, was aber leider manchmal aus Unkenntnis passiert und weil ihr plötzliches und zahlreiches Auftreten alarmiert.

Die Angst vor potenziellen Schädlingen und Unbekanntem führt irgendwann zur „Zuerst-schießen-dann-fragen"-Mentalität. Es lohnt sich aber immer, genauer hinzuschauen. In der Natur hat jedes Lebewesen seinen Platz und ist Teil einer fein verzahnten Kette an Abhängigkeiten und Wechselwirkungen. Die menschlichen Kategorien Schädling und Nützling gibt es hier nicht, denn die Natur wertet nicht, sondern entwickelt sich im ständigen Werden und Vergehen. Wenn wir diesen Blickwinkel einnehmen, gelingt es uns leichter, jeden Tag etwas Neues zu entdecken, indem wir mit offenen Augen durch den Garten gehen und anderen Lebewesen ihren Platz zugestehen.

Schlechte Erfahrungen mit Schädlingen sollten nicht dazu führen, jedes Tier und jede Pflanze nur unter dem Blickwinkel der potenziellen Schädlichkeit oder Nützlichkeit zu sehen. Wir rauben uns viel Lebensfreude, wenn wir uns darauf fixieren, alles Unbekannte und Neue zu bekämpfen, das unsere vermeintliche Ordnung stört. Aber natürlich ist es legitim, seine liebevoll gepflegten Pflanzenschätze bei starkem Befall zu schützen und den Ernteerfolg zu sichern.

Feuerwanzen sind harmlos.

Dolchwespen parasitieren Engerlinge, gern auch in Hochbeeten.

NATUR im GARTEN Tipp

Wer knabbert hier?

Zur Beantwortung wurde von „Natur im Garten" das Onlinetool gartentelefon24.at entwickelt. Hier kann man die wichtigsten Nützlinge, Schädlinge und Krankheiten anhand von Bildern identifizieren. Außerdem gibt es viele Tipps, wie man diesen Problemen vorbeugen bzw. sie biologisch lösen kann.

Marienkäfer frisst Blattlaus.
© Natur im Garten/R. Lhotka

Schwalbenschwanz als Raupe und als Schmetterling.
© B. Haidler (beide)

Freund oder Feind?

Die Einteilung von Tieren in Schädlinge und Nützlinge ist, wie schon angesprochen, sehr eindimensional und spiegelt ihre Funktion im Lebensraum nicht wider. Wir sollten nicht vergessen, dass das eine ohne das andere nicht existieren kann. Ohne Blattläuse etwa haben Marienkäfer oder Schwebfliegen keine Nahrungsgrundlage und müssten verhungern. Wenn wir Blattläuse im gesamten Garten bekämpfen und zur „blattlausfreien Zone" erklären, könnten sich auch keine Marienkäfer dauerhaft im Garten ansiedeln.

Ist die Schwalbenschwanzraupe auf den Karotten oder der Petersilie ein Schädling oder ein Nützling? Den wunderschönen Schmetterling wird wohl jeder Gartenbesitzer herzlich willkommen heißen und sich freuen, wenn er über das Blumenbeet flattert. Aber die Raupe? Ist sie ein Schädling, weil sie ein paar Karottenblätter frisst? Ohne sie gibt es aber auch den Schmetterling nicht.

Auch andere Tiere wie die Ohrwürmer oder Asseln vereinen die menschlich definierten Eigenschaften schädlich und nützlich quasi in Personalunion. Erstere fressen kleine weichhäutige Insekten wie Läuse, die uns lästig sind. Asseln fressen abgestorbene Pflanzenteile und sind somit wichtige Humusbildner. Beide neigen aber auch dazu, sich in vorgeschädigte Gemüse- oder Obstteile einzunisten und dort für Verschmutzungen und weiteren Schaden zu sorgen. Sogar Obstprofis machen sich den Ohrwurm zunutze, indem sie ihm Bambusrohrbündel als Behausung in den Baum hängen. Kurz vor der Fruchtreife weicher Obstarten wie Marille und Pfirsich wandern die Rohre samt Nützlingen in einen anderen Baum oder Strauch ohne reifes Obst.

Erst erkennen, dann handeln

Vor einer Bekämpfung steht also immer die Erkennung des Schadverursachers. Löcher in Blättern von Obstbäumen etwa können von Insekten verursacht werden, aber auch von Pilzen. Es ist nicht zielführend, hier gleich ein Insektizid einzusetzen, obwohl auch ein Pilz für den Schaden verantwortlich sein kann.

Die Schrotschusskrankheit ist eine Pilzerkrankung, kein Insektenfraß. © B. Haidler

Bist du dir nicht sicher, kannst du dich bei unserem www.gartentelefon24.at/informieren und solche Fehler vermeiden.

Vorbeugen ist besser als heilen

Bekämpfungsmaßnahmen mit chemischen Mitteln greifen zu kurz. Ähnlich, wie man die Erkrankung eines Menschen nicht isoliert sehen sollte, sondern sein gesamtes Umfeld, wird ökologischer Pflanzenschutz im Naturgarten konsequent vor allem vorbeugend betrieben. Analog zur Humanmedizin sehen Naturgärtner ihren Garten als ganzheitliches System und nicht einzelne Pflanzen oder Tiere losgelöst von ihrem Lebensraum. Allein die Symptome zu bekämpfen, macht keinen Sinn. Bei „Natur im Garten" halten wir uns deshalb an die Beratungskaskade der Pflanzenschutzpyramide. Als Basis für den Pflanzenschutz dienen die vorbeugenden Maßnahmen: Obstgehölze oder Gemüsepflanzen sollten am passenden Standort gepflanzt werden, resistente oder schädlingstolerante Sorten zum Einsatz kommen, es sollte für einen gesunden, lebendigen Boden gesorgt werden, der richtig bearbeitet wird. Fruchtfolge und Mischkultur sind weitere wichtige Faktoren.
Pflanzenstärkung und angepasste organische Düngung bilden den mittleren Teil der Pflanzenschutzpyramide. Dazu gehört, Obst- und Gemüsepflanzen mit Pflanzen-

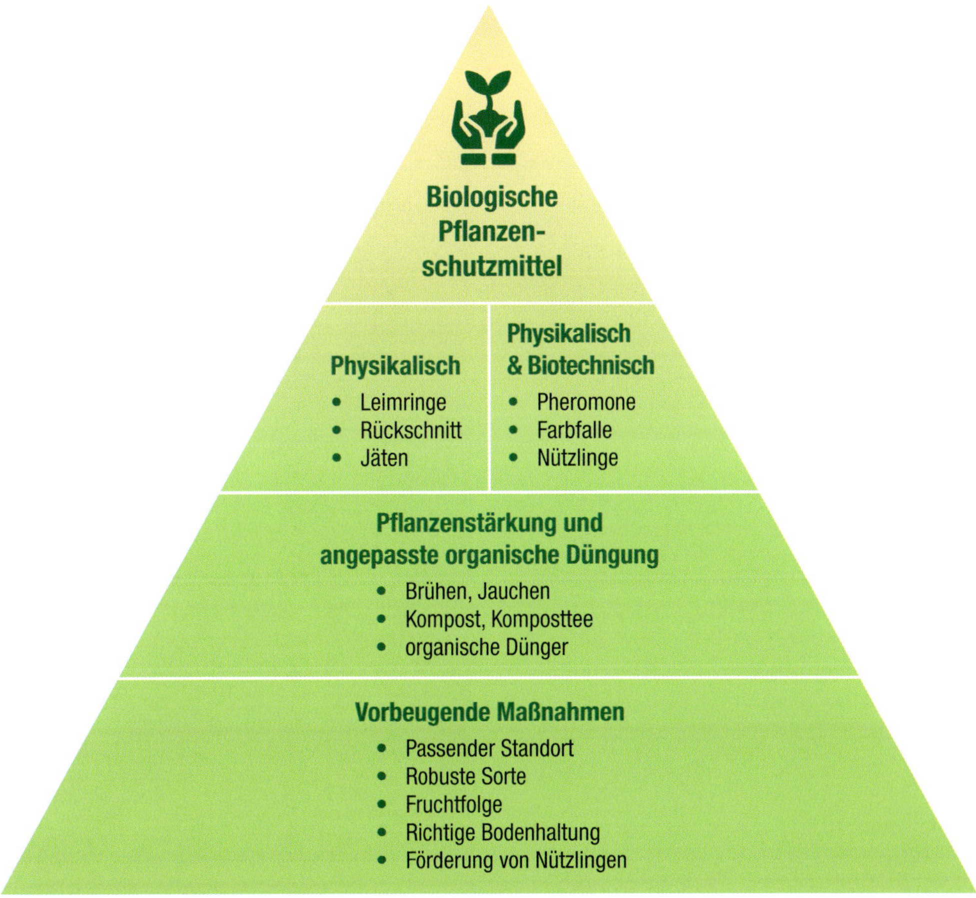

Pflanzenschutzpyramide. © Natur im Garten

© Natur im Garten/J. Brocks

Ackerschachtelhalmbrühe.

extrakten zu stärken oder mit Brühen und Jauchen zu düngen (siehe auch Seite 114). Direkte Maßnahmen gegen Schädlinge und Krankheiten kommen erst zum Einsatz, wenn die Möglichkeiten im unteren und mittleren Teil der Pflanzenschutzpyramide ausgeschöpft worden sind. Dazu gehören etwa der Einsatz physikalischer Methoden wie Fallen, Leimringe, klebrige Farbtafeln oder biotechnische Maßnahmen wie Pheromonfallen, bei denen Schadinsekten mit Duftstoffen des anderen Geschlechts angelockt werden und kleben bleiben.
Erst ganz zum Schluss und bei einer Befallsstärke, die die Pflanzen nachhaltig schädigt, kommen für den jeweiligen Zweck zugelassene biologische Pflanzenschutzmittel oder Nützlinge zum Einsatz, die den Schaderreger direkt ausschalten. Grundstoffe sind Substanzen, die nicht in erster Linie für den Pflanzenschutz verwendet oder vermarktet werden, aber dennoch für den Pflanzenschutz nützlich und wirksam sind. Häufig kommen diese Stoffe aus dem Lebensmittelsektor, wie Milch, Essig, Molke, Backpulver oder Lecithin.

Nützlinge helfen

Die eleganteste Methode, Schädlinge direkt zu bekämpfen, ist der Nützlingseinsatz. Nützlinge wie z. B. Nematoden gegen Dickmaulrüsselkäfer, Florfliegen- oder Schwebfliegenlarven gegen Blattläuse oder Schlupfwespen gegen Weiße Fliegen sind im Fachhandel erhältlich. Alternativ dazu kannst du diese nützlichen Helfer direkt in den Garten locken, indem du ihnen die passenden Lebensräume anbietest oder überlässt. Voraussetzung dafür ist, dass

Gut zu wissen

Manche der sogenannten Grundstoffe, wie Essig oder Molke, wirken entweder direkt gegen den Erreger oder haben eine Elicitorenwirkung. Das heißt, sie wirken wie eine Schutzimpfung beim Menschen, weil sie beim Kontakt mit der Pflanze deren Abwehrmechanismen aktivieren.

Eine Schwebfliegenlarve an einer Blattlauskolonie. © Natur im Garten/J. Brocks

Pheromonfalle. © Natur im Garten,/. Brocks

Detaillierte Anregungen zur Naturgartengestaltung findest du in unserem Buch „Mein Weg zum Naturgarten".

der Garten naturnah gestaltet ist und die Nützlinge genügend Lebensraum, Versteckmöglichkeiten und Nahrung vorfinden. In sterilen Gärten mit Koniferen und englischem Rasen wird man die eifrigen Helfer vergeblich suchen.

Naturgartenelemente

Mit einem Mosaik an Naturgartenelementen wie Kräuterrasen, wo Gänseblümchen, Klee und Löwenzahn wachsen dürfen, heimischen Heckensträuchern, blühenden Stauden oder einem Wilden Eck kann von Anfang an für genügend Lebensraum und hohe Ausgangszahlen an Nützlingen gesorgt werden. Besonders blütenreiche Gärten locken beispielsweise jede Menge Schweb- und Florfliegen an, die ihre Eier unmittelbar in Blattlauskolonien legen. Natürliche Gegenspieler zu fördern, bedeutet konsequenten Verzicht auf chemisch synthetische Pestizide. Auch biologische Pflanzenschutzmittel sollten nur im Bedarfsfall eingesetzt werden. Viele Pflanzenschutzmittel machen keinen Unterschied zwischen den Tieren und vernichten Marienkäfer genauso wie Blattläuse. Auf Klebe- oder in Lockstofffallen sterben alle Arten, die damit in Berührung kommen. Je mehr in das natürliche System eingegriffen wird, desto schwieriger wird die natürliche Regulation. Schadorganismen erholen sich durch ihr hohes Vermehrungspotenzial viel rascher vom Pestizideinsatz als Nützlinge. Wenn Schädlinge Resistenzen entwickelt haben und von Nützlingen gefressen werden, geben sie die aufgenommenen Wirkstoffe an diese weiter. So leiden auch Vögel unter der Giftattacke, wenn die Jungen mit kontaminierten Insekten gefüttert werden, ebenso wie ein Igel, der vergiftete Käfer frisst. Lassen wir also der Natur Raum, verzichten auf den einen oder anderen Salatkopf und belohnen uns mit entspanntem Gärtnern im Einklang mit natürlichen Gegebenheiten.

Du findest in unserem Infoblatt „Brühen, Jauchen und Tees selbstgemacht" unter www.naturimgarten.at/bruehen-jauchen-tees auch eine Übersicht käuflicher Stärkungsmittel und Dünger mit dem „Natur im Garten" Gütesiegel.

Düngung

Viele Gartenbesitzerinnen und -besitzer denken, in einem Naturgarten darf nicht gedüngt werden. Das stimmt so nicht, denn wenn wir Gemüse oder Obst aus dem Garten ernten, entfernen wir mit dem Erntegut auch Pflanzennährstoffe aus dem System Garten. Diese Nährstoffe in Form von Dünger müssen wir wieder zurückgeben. Wichtig ist dabei, maßvoll und umsichtig vorzugehen und nicht nach dem Motto „Viel hilft viel". Im naturnahen Gartenbau steht eine Kreislaufwirtschaft im Vordergrund, und es werden nur organische Dünger verwendet, wie z. B. Kompost oder Hornspäne.
Die Natur ist unser Vorbild, denn hier werden Stoffe im Kreislauf geführt und nicht entfernt. Es wäre schade, wenn Gartenabfälle ausschließlich in der Biotonne landen und im Gegenzug um teures Geld Dünger zugekauft wird. Dabei können die meisten Gartenreste kompostiert oder zum Mulchen eingesetzt werden, z. B. als Flächenkompostierung direkt auf der Beetoberfläche. Grundsätzlich sind in einem humusreichen Gartenboden meistens große Mengen an Nährstoffen vorhanden, wenn auch nicht alle sofort für die Pflanzen verfügbar sind.

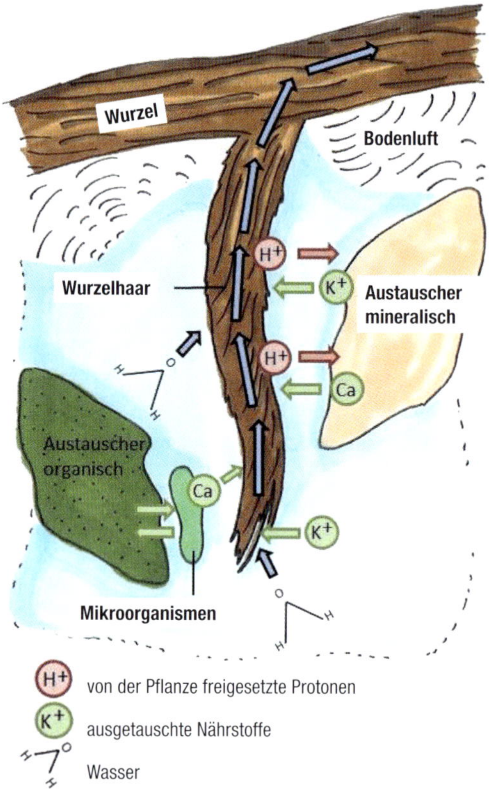

Nährstoffaustausch. © Natur im Garten/S. Streicher

Natürlicher Nährstoffkreislauf

... geben und nehmen im Ausgleich

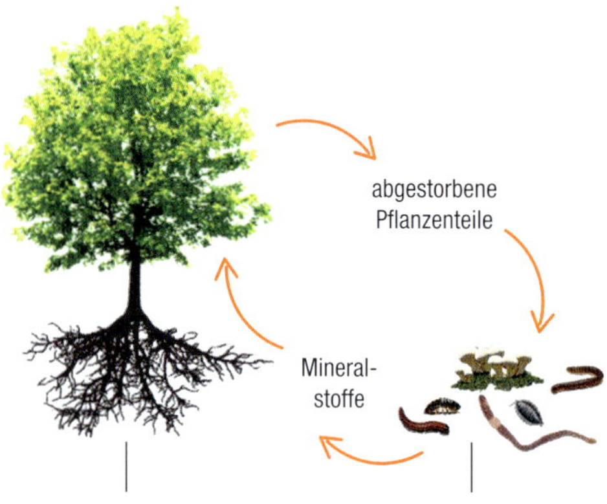

© L. Mayrhofer

Der Großteil der Nährstoffe ist im Ausgangsgestein, in der organischen Substanz oder an Ton-Humus-Komplexe gebunden und muss erst durch Bodenlebewesen und Ausscheidungen der Pflanzenwurzeln in eine wasserlösliche und damit den Pflanzen zugängliche Form gebracht werden. Nährstoffe, die an Ton- und Humusteilchen gebunden sind, stehen mit jenen, die in der Bodenlösung gelöst sind, in einem Fließgleichgewicht. In dem Maße, in dem Nährionen von den Pflanzen aus der Lösung aufgenommen werden, werden sie aus der „Reserve" der Ton- und Humusteilchen nachgeliefert. Diese wertvollen Bodenbestandteile verhindern, dass die Nährstoffe ausgeschwemmt werden und verloren gehen.

Pflanzennährstoffe – warum sind sie wichtig?

Pflanzennährstoffe sind für das Wachstum der Pflanze unbedingt notwendig und in ihrer Funktion nicht durch einen anderen Stoff ersetzbar. Haupt- oder Makronährstoffe wie Calcium, Kalium, Phosphor, Magnesium und Stickstoff werden am meisten benötigt. Mikronährstoffe oder Spurenelemente wie Eisen, Kupfer, Zink, Bor und Molybdän braucht die Pflanze nur in geringeren Mengen, sie sind aber genauso wichtig. Die wichtigsten Pflanzennährstoffe, ihre Wirkung, wie sich ein Mangel auswirkt und wo sie vorkommen, sind aus der Tabelle unten ersichtlich.

Organische Dünger

Seit dem Bestehen der Bewegung „Natur im Garten" ist eines ihrer drei Kernkriterien der Verzicht auf chemisch-synthetische Mineraldünger, die häufig als Kunstdünger bezeichnet werden. Dabei handelt es sich um Düngesalze, die sich in Wasser rasch lösen und mit dem Wasser von der Pflanze aufgenommen werden. Mit der menschlichen Ernährung verglichen, ist Kunstdünger wie Fast Food, während organische Düngung einer gesunden Ernährung entspricht. Durch die gute Wasserlöslichkeit werden chemisch-synthetische Dünger leicht ins Grundwasser ausgewaschen, die Salze schädigen gleichzeitig das Bodenleben.
Es geht aber auch anders. Das Zauberwort heißt organische Dünger. Das kann im Idealfall selbst hergestellter Kompost sein, aber auch käufliche Dünger, deren Grundbestandteile aus natürlichen Rohstoffen bestehen, die erst vom Bodenleben aufgearbeitet und „verdaut" werden müssen. Manche dieser Dünger bestehen aus pflanzlichen Ausgangsstoffen wie Pressrückständen von Ölsaaten, Vinasse, Trester aus der Weinproduktion, Malzrückständen

Hornspäne. © Natur im Garten/L. Mayrhofer

DIE WICHTIGSTEN PFLANZENNÄHRSTOFFE:

Nährstoff	Bedeutung	Mangelerscheinungen	Vorkommen
Phosphor (P)	Blüten-, Frucht-, Samen- und Wurzelbildung	Verzögerte Blüte und Reife, dunkelbraune oder braunrote Blätter	Hühnermist, Holzasche, Hornspäne, Knochenmehl
Stickstoff (N)	Entwicklung von Blattgrün, Blatt- und Triebwachstum, Eiweißproduktion	Blassgrüne Blätter, beginnend bei älteren Blättern von der Spitze her	In frischen, grünen Abfällen, tierischem Mist, Pflanzenjauchen, Hornspänen
Kalium (K)	Wurzelwachstum, feste Zellwände, Widerstandsfähigkeit	Aufgehellte Blattränder, schlechte Lagerfähigkeit, Anfälligkeit für Krankheiten und Schädlinge	Schafwolle, Pflanzenjauchen, Urgesteinsmehl, Holzasche, Farnkraut
Calcium (Ca)	Festigt Zellwände, reguliert den Wasserhaushalt in der Zelle, stabilisiert Bodenkrümel und aktiviert Bodenleben, neutralisiert den pH-Wert des Bodens	Wachstumshemmung der Triebspitzen, Blütenendfäule, Stippigkeit, in Form von eingesunkenen kleinen braunen Flecken auf der Schale bei Kernobst	Eierschalen, Kalksteinmehl, Hornspäne, Knochenmehl, Hühnermist
Magnesium (Mg)	Zentralatom des Blattgrüns (Chlorophyll)	Helle Verfärbungen am Blattrand, gelbe Flecken zwischen Blattadern	Gesteinsmehl, Algenkalk, Basaltmehl
Eisen (Fe)	Am Aufbau des Blattgrüns beteiligt	Gelblaubigkeit junger Blätter, die rund um die Blattnerven grün sind	Kaffeesatz, Rasenschnitt, Laub

oder Treber aus der Bierherstellung. Tierische Grundstoffe sind z. B. Hornspäne, Wolle, Knochen- oder Federmehl.
Gemeinsam ist all diesen Stoffen, dass sie von Bodenorganismen, z. B. Bakterien, Pilzen, Einzellern, aber auch von kleineren Bodentieren wie Würmern oder Tausendfüßern zuerst zersetzt und aufgeschlossen werden. Dabei setzen sie die Nährstoffe für die Pflanzen frei. Das Motto lautet also gewissermaßen: **„Wir düngen nicht die Pflanzen, sondern wir füttern das Bodenleben."**
Die Pflanzenwurzeln und die Bodenorganismen kommunizieren durch den Austausch von Botenstoffen und machen quasi ein Tauschgeschäft. Auf diese Weise holen sich die Pflanzen aktiv jene Stoffe aus dem Boden ab, die sie benötigen, und zwar dann, wenn sie sie wirklich brauchen.
Als Nebenprodukt erzeugen die Bodenorganismen im Zuge der Zersetzung der organischen Dünger auch Humusteilchen, die Nährstoffe und Wasser speichern können. Ein weiterer positiver Effekt ist, dass organische Dünger wegen der langsamen Aufschließung durch Bodenorganismen eine Langzeitwirkung haben. Im Gegensatz zu Kunstdüngern handelt es sich hier gewissermaßen um eine gesunde Vollwertkost für Pflanzen.
Im Fachhandel gibt es verschiedene organische Dünger zu kaufen. Wenn du beim Kauf auf das „Natur im Garten" Gütesiegel achtest **(www.naturimgarten.at/guetesiegel/duengemittel)** kannst du sicher sein, dass es sich um organischen Dünger handelt.

Darf's ein bisserl mehr sein?

Nach diesem Motto wird leider oft gedüngt. Dabei hemmt eine Überversorgung mit einzelnen Nährstoffen die Aufnahme von anderen Nährstoffen massiv.
Die Tabelle gibt einen Überblick darüber, welche negativen Wechselwirkungen einzelne Nährstoffe mit anderen Nährstoffen haben können, wenn sie im Überschuss vorhanden sind. Siehe Tabelle unten.
Eine ausgewogene und zielgerichtete Düngung lässt sich nur umsetzen, wenn man weiß, welche Nährstoffe fehlen oder ergänzt werden müssen. Dazu gibt nur eine Bodenuntersuchung exakte Auskunft über den Zustand des Nährstoffhaushalts. Eine Stan-

NATUR im GARTEN Tipp

Weniger ist mehr

Zahlreiche Gemüsegärten sind mit Phosphor und Kalium überversorgt, nicht immer wegen der Verwendung von Handelsdüngern, sondern auch durch die konzentrierte Verwendung von Kompost aus dem gesamten Garten im relativ kleinen Gemüsegarten, häufig in Verbindung mit Mist- oder Aschegaben. Zu viel ist ungesund! Also gib nicht alles aufs Gemüsebeet, sondern ebenso zu Stauden, unter Sträucher oder Hecken.

AUSWIRKUNGEN EINER ÜBERVERSORGUNG

Nährstoff	Wechselwirkung mit anderen Nährstoffen
Phosphor (P)	Festlegung von Zink, Eisen, Kupfer im Boden (damit nicht mehr pflanzenverfügbar)
Stickstoff (Nitrat)	Verminderte Phosphatversorgung
Stickstoff (Ammonium)	Verminderte Aufnahme von Calcium, Magnesium, Kalium
Kalium (K)	Verminderte Versorgung mit Magnesium, Calcium, Ammonium
Calcium (Ca)	Festlegung von Eisen im Boden
Magnesium (Mg)	Verminderte Aufnahme von Calcium, Ammonium, Kalium
Eisen (Fe)	Verminderte Aufnahme von Mangan

darduntersuchung informiert über pH-Wert, Kalkgehalt und die Hauptnährstoffe. Bei genaueren Untersuchungen kann auch der Gehalt an Spurenelementen ermittelt werden.

Eine Bodenprobe nehmen

Der günstigste Termin für eine aussagekräftige Bodenanalyse ist der Frühling, bevor gedüngt wird. Die Probe wird dabei mit einem Spaten von einer einheitlich bewirtschafteten Fläche entnommen – also z. B. vom Gemüsegarten. Dazu wird an der Entnahmestelle zuerst der Spaten in den Boden gestochen, dann entlang der Schnittfläche eine Schicht von etwa 2 cm Stärke abgestochen und diese in einen Kübel gegeben. Um einen Durchschnittswert zu erhalten, werden je nach Flächengröße 5–10 solcher Proben gut vermischt und davon ca. 1000 g in einem Plastikbeutel an ein Bodenlabor gesendet. Dort wird analysiert, ob die Pflanzennährstoffe in ausgewogenem Verhältnis im Boden vorhanden sind und woran es fehlt. So kann in der Folge gezielt organischer Dünger verabreicht werden.
Auch auf die Rahmenbedingungen kommt es an: Damit die Pflanzen optimal versorgt sind, kommt es nicht nur darauf an, dass „alles angerichtet" ist, also alle Nährstoffe im Boden vorhanden sind. Bei extremer Trockenheit kann es beispielsweise auch auf kalkhaltigen Böden zu Calciummangelerscheinungen kommen, weil der Nährstofftransport in der Pflanze nicht funktioniert. Mulchen und ein hoher Humusgehalt können dazu beitragen, dass Wasser im Boden besser gespeichert wird (siehe Seite 66).
Mitunter kommt es zudem vor, dass zwar genug Phosphat im Boden vorhanden ist, der Nährstoff aber nicht von den Pflanzen aufgenommen werden kann. Denn sowohl unter sauren als auch unter basischen Bodenbedingungen liegt Phosphat in schwer löslichen, nicht aufnehmbaren Formen vor. Aktives Bodenleben unter neutralen Bodenverhältnissen stellt gute Voraussetzungen für eine ausreichende Phosphatversorgung dar. Es empfiehlt sich also, von Zeit zu Zeit mit handelsüblichen pH-Tests den pH-Wert des Bodens zu messen. Der pH-Wert drückt aus, ob eine wässrige Lösung sauer, basisch oder neutral ist. Werte von 1–6 drücken einen sauren Charakter aus, Werte von 8–14 basischen Charakter, der Wert 7 wird als neutral bezeichnet.
Bei Böden mit einem neutralen pH-Wert ist die Nährstoffverfügbarkeit für Pflanzen optimal. Ein hoher Humusgehalt, also viel abgestorbene organische Substanz im Boden, ist die beste Voraussetzung für einen neutralen Boden. Humusstoffe können Böden sehr gut abpuffern, d. h. Einflüsse von außen neutralisieren. Somit schwenkt der pH-Wert nicht so leicht in die saure oder basische Richtung.

Die richtigen Mengen

Auch wenn sich die benötigte Düngermenge – wie oben ausgeführt – am besten mit einer Bodenanalyse ermitteln lässt, so gibt es doch Erfahrungswerte, welche Menge man für die jeweiligen Kulturen braucht. Die „Währung", mit der wir diese Menge angeben, ist Kompost in m^2 pro Jahr. Qualitativ hochwertiger Kompost aus dem eigenen Garten oder aus der regionalen Kompostieranlage deines Vertrauens, mit der Güteklasse A+, ist aus unserer Sicht für den Gebrauch im Garten der beste Dünger, weil er viele Pflanzennährstoffe in ausgewogener Menge enthält und zudem eine förderliche Mikrobiologie.

NATUR im GARTEN Tipp

Was Kompost bietet

Beachte, dass Kompost einer großen Schwankungsbreite unterliegt; je länger er gereift ist, desto weniger Nährstoffe enthält er und kann sogar nährstoffarm sein. Bei schattiger, feuchter und kühler Lagerung wird er trotzdem viele wertvolle Mikroben und Kleinstlebewesen enthalten, die die Bodengesundheit fördern.

Düngerbedarf der Kulturen

Bei Kräutern, Obst- und Gemüsekulturen wird häufig von Stark-, Mittel- und Schwachzehrern gesprochen. In der folgenden Übersicht siehst du, welchen Düngerbedarf die Kulturen im Schnitt haben und welche Kompostmengen dafür benötigt werden. Selbstverständlich verstehen sich diese Zahlen als Richtwerte, sie sind abhängig vom Nährstoffgehalt im Kompost und vom Humusgehalt des Bodens.

DÜNGERBEDARF

Kultur	Kompostmenge pro m² und Jahr
Schwachzehrer	1,5 l
Mittelzehrer	2–4 l
Starkzehrer	4–6 l
Beerensträucher und Erdbeeren	2–4 l
Obstbäume	2–4 l

Einteilung von Gemüse und Kräutern in Stark-, Mittel und Schwachzehrer:

- **Starkzehrer:** Broccoli, Kartoffeln, Gurken, Karfiol/Blumenkohl, Kohlsprossen, Kürbisse, Melanzani/Auberginen, Paprika, Paradeiser, Rotkohl, Sellerie, Weißkohl, Wirsing, Zucchini, Zuckermais
- **Mittelzehrer:** Basilikum, Chinakohl, Endivien, Dill, Fenchel, Karotten, Kerbel, Knoblauch, Kohlrabi, Kopfsalat, Lauch, Liebstöckel, Mangold, Pastinaken, Petersilie, Radicchio, Radieschen, Rote Rüben, Schnittlauch, Schwarzwurzeln, Zuckerhut, Zwiebeln
- **Schwachzehrer:** Bohnen, Erbsen, Spinat, Vogerlsalat/Feldsalat, viele, vor allem mediterrane Kräuter

Gründüngung – die Bodenkur

Unter Gründüngung versteht man eine kurz- oder längerfristige Bodenbegrünung mit genügsamen, förderlichen Pflanzenarten. Die dabei wachsenden Pflanzenkörper werden grün geschnitten und seicht in den Boden eingearbeitet oder gemulcht. Diese Art der Beetvorbereitung eignet sich ideal für den Gemüsegarten. Durch den Verrottungsprozess werden die im Material gebundenen Pflanzennährstoffe freigesetzt und stehen somit den danach angebauten Pflanzen zur Verfügung.
Eine Gründüngung im wahrsten Sinne des Wortes sind Leguminosen, also alle Arten aus der Familie der Schmetterlingsblütler, wie Erbsen, Bohnen, Linsen und andere Hülsenfrüchte. Sie sind mit Bakterien in ihren Wurzelknöllchen symbiotisch verbunden, die den Stickstoff aus der Luft fixieren können. Dieser Stickstoff verbleibt im Boden, wenn die Pflanzen absterben oder ihre Grünmasse in den Boden eingearbeitet wird.
Die Bodenbedeckung leerer oder abgeernteter Beete, z. B. im Spätsommer, mit Gründüngungspflanzen hat eine Menge Vorteile. Sie bedecken rasch den Boden und verhindern so das Aufkommen unerwünschter

Knöllchenbakterien an Buschbohnenwurzeln.

Beikräuter. Die Wurzeln lockern und durchlüften den Boden und reichern ihn mit organischer Masse an. Damit leisten sie einen wertvollen Beitrag zum Humusaufbau, der, wie bereits erwähnt, einen wichtigen Wasser- und Nährstoffspeicher bildet.
Oberirdische Pflanzenteile schützen den Boden vor extremen Witterungseinflüssen und somit vor Erosion und Verschlämmung. Wer naturnah wirtschaftet, sät im Spätsommer eine Gründüngung aus. Außerdem ist es möglich, vor der Bepflanzung mit wärmeliebenden Hauptkulturen, wie Paradeisern oder Chilis, eine Gründüngung zur Bodenvorbereitung im zeitigen Frühling auszubringen.
Die schützende Pflanzenschicht trägt zur Erhaltung eines intakten Bodenlebens und der Bodenfruchtbarkeit bei. Absterbende Wurzeln schaffen Hohlräume und sind neben anderen Pflanzenteilen Nahrung für das Bodenleben. Im Darm dieser fleißigen Helfer entstehen die bereits mehrfach erwähnten Ton-Humus-Komplexe, die mit dem Kot an den Boden abgegeben werden und dessen Krümelgefüge verbessern. An diesen Strukturen werden Wasser und Mineralstoffe gebunden und für die Pflanzenwurzeln verfügbar gemacht. Durch Gründünger wird also der Aufbau von Humusstoffen gefördert, die Bodenlebewesen schaffen ein günstiges Hohlraumsystem für Pflanzenwurzeln.

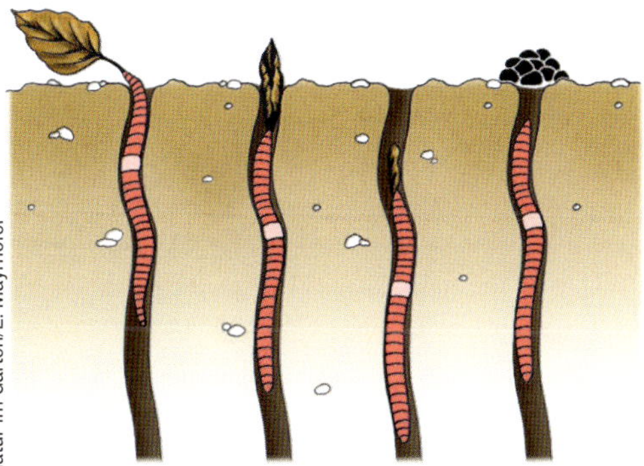

Regenwürmer ziehen organisches Material in ihre Erdröhren, fressen es dort und hinterlassen auf der Oberfläche und an den Gangwänden nährstoffreichen Wurmkompost.

So gelingt's

Neben herkömmlichen Gründüngungssaaten wie Phazelia, Perserklee, Lupinen und Ringelblumen können auch essbare Pflanzen als Gründünger auf abgeernteten Beeten, als Untersaat oder als Vorkultur angebaut werden. Spinat, Feldsalat, verschiedene Pflücksalate, Gartenkresse, Löffelkraut, Barbarakresse, Winterportulak oder Rucola liefern, sofern sie in den ersten Septembertagen ausgesät werden, auch noch ganz ansehnliche Ernten.

Feldsalat ist Gründüngung und Nahrung gleichermaßen. © Natur im Garten/M. Beneš-Oeller

Die Startbedingungen für die Saat werden erheblich verbessert, wenn man ein sonniges Beet wählt, die Erde von Wildkräutern befreit und die oberste Bodenschicht, etwa 5–7 cm tief, gut lockert. Da im September oft längere trockene Wetterphasen auftreten, sollte man die Saat kräftig eingießen und dafür sorgen, dass das Saatbeet feucht bleibt. Je nach Saatzeitpunkt wird zwischen Vor-, Zwischen- und Nachsaat unterschieden.
Die Vorsaat erfolgt im Frühling mit kälteverträglichen Pflanzen, sobald der Boden abgetrocknet ist. Vor dem Anbau der Hauptkultur wird die Gründüngung oberflächlich in den Boden eingearbeitet. Für die Vorsaat sind vor allem Puffbohne,

Feldsalat, Spinat und Senf geeignet. Standen zuvor allerdings Kohlgewächse auf dem Beet, solltest du aufgrund der nahen Verwandtschaft keinen Senf als Vorsaat anbauen.
Bei der Zwischensaat säen wir niederwüchsige Arten zwischen die Reihen der Hauptkultur. Damit bedeckt und schützt man den Boden und verhindert außerdem die Keimung von Beikräutern. Geeignete Arten dafür sind Alexandriner- und Perserklee, Feldsalat und Spinat.
Wenn im Spätsommer die Beete abgeerntet sind, bringen wir die Nachsaat ein, um eine Auswaschung von Nährstoffen zu verhindern. Dazu kann wiederum Feldsalat oder Spinat verwendet werden. Damit die Pflanzen aber nicht mühsam ausgerissen werden müssen, nachdem sie ihren Zweck erfüllt haben, raten wir im Hausgarten nur zu einjährigen, abfrierenden Gründüngungen.

Pflanzenjauche als Flüssigdünger

Zur Stärkung, Düngung und Kräftigung von Pflanzen können viele Gewächse, vor allem Wildkräuter, aus dem eigenen Garten oder der näheren Umgebung zur Herstellung von Brühen, Jauchen, kalten Auszügen oder Tees genutzt werden. So führt man Rohstoffe aus dem eigenen Garten im natürlichen Kreislauf, spart Kosten und schont Ressourcen, denn Plastikmüll von Düngerverpackungen und Einkaufsfahrten zum Gartencenter entfallen.
Durch den Gärungsprozess bei Jauchen werden alle Pflanzenteile abgetötet, auch Samen. Deshalb musst du dir keine Sorgen machen, dass sich Unkräuter im Garten auf diese Weise verbreiten könnten. Durch die Zersetzung der Pflanzen in der Jauche werden deren Nährstoffe freigesetzt und stehen als Flüssigdünger zur Verfügung. Jauchen sollten nur verdünnt verabreicht werden, da die enthaltenen Nährstoffe sonst zu hoch konzentriert und dadurch für die Pflanzen schwer verträglich wären.

So wird's gemacht

1. Für das Ansetzen der Jauche wird das zerkleinerte Pflanzenmaterial in ein großes Gefäß gegeben. Gefäße aus Metall sind dafür ungeeignet, da es während der Gärung zu chemischen Reaktionen mit dem Metall kommen kann. Hier empfehlen sich Regentonnen oder ausrangierte Keramik-, Ton- oder Holzkübel. Zum Ansetzen ist Regenwasser am geeignetsten.
2. Das Gefäß wird an einem sonnigen Standort aufgestellt und sollte mit einem Netz oder Gitter abgedeckt werden, um das Ertrinken von hineinfallenden Tieren zu vermeiden.
3. Jetzt wird das Gefäß mit Regenwasser befüllt. Es sollte am oberen Rand ungefähr eine Handbreit Platz bleiben, weil der Inhalt bei der Gärung zu schäumen beginnt.
4. Mindestens einmal pro Woche (einmal pro Tag ist ideal) sollte die Jauche mit einem Stab oder großen Kochlöffel kräftig durchgerührt werden. Falls es zu einer Geruchsbelästigung kommt, kann eine Handvoll Steinmehl in die Flüssigkeit gerührt werden, so wird der intensive Geruch gebunden. Alternativ kann das Gesteinsmehl auch gleich beim Ansetzen hinzugegeben werden.
5. Der Prozess der Vergärung dauert je nach Temperatur und Witterung unterschiedlich lange, meist 2–3 Wochen. Die Jauche ist fertig, wenn die Schaumbildung abgenommen hat, die meisten Pflanzenreste auf den Boden abgesunken sind und die Flüssigkeit einen dunklen Farbton angenommen hat.

Diese Flüssigkeit kann nun im Garten als Dünger, 1:10 verdünnt, direkt zu den Wurzeln der Pflanzen gegossen werden. Brennnesseln enthalten besonders viel Stickstoff und sind daher bestens zu diesem Zweck geeignet.
Im Infoblatt „Brühen, Jauchen und Tees selbstgemacht“, das du auf unserer Website findest, gibt es auch eine Übersicht

käuflicher Stärkungsmittel und Dünger mit dem „Natur im Garten“ Gütesiegel.

Brühen und Kaltauszüge als Stärkungsmittel

Weniger aufwendig als die Jauche ist die Herstellung einer Pflanzenbrühe, die ebenfalls aus zerkleinertem Pflanzenmaterial hergestellt wird. Das zerkleinerte Material zieht dazu 24 Stunden lang in kaltem Wasser. Am nächsten Tag wird dieser Ansatz 15–30 Minuten lang leicht gekocht und nach dem Erkalten und Abseihen abgefüllt. Pflanzentee wird wie normaler Kräutertee zubereitet – die zerkleinerten Pflanzenteile mit kochendem Wasser übergießen und zugedeckt 15 Minuten ziehen lassen, dann abseihen und abkühlen lassen. Brühe und Tee sind nach dem Abkühlen einsatzbereit.

Brennnesseljauche. © Natur im Garten/J. Brocks

Ein sehr beliebter Kaltauszug ist der sogenannte Komposttee. Du kannst ihn kaufen oder aus deinem eigenen Kompost herstellen. Die darin enthaltenen Mikroorganismen vermehren sich im Kaltaufguss sehr stark und die Nährstoffe sowie die pflanzenstärkenden Substanzen werden in eine flüssige Form gebracht. Fülle dazu hochwertigen Kompost in kleine Säckchen, z. B. Teebeutel für losen Tee oder Stoffbeutel, und hänge ihn 3–24 Stunden in eine mit kaltem Wasser gefüllte Gießkanne. Danach den Beutel rausnehmen und schon kannst du losgießen. Größere Mengen lassen sich natürlich auch in größeren Gefäßen herstellen. Pflanzen können je nach Bedarf etwa alle zwei Wochen mit diesem Auszug gegossen oder besprüht werden. Für jede Anwendung muss ein neuer Tee angesetzt werden.

In der folgenden Tabelle auf Seite 114 findest du bewährte Rezepturen für Jauchen, Brühen und Kaltauszüge. Je nach Rezept können frische oder getrocknete Pflanzenteile verarbeitet werden.

NATUR im GARTEN Tipp

Badezusatz

Zur Vorbeugung von Pilzkrankheiten kannst du Saatgutbäder einsetzen, indem du die Samen direkt vor der Aussaat für einige Stunden in Komposttee legst.

BEWÄHRTE REZEPTUREN FÜR JAUCHEN, BRÜHEN UND KALTAUSZÜGE

Pflanze	Rezeptur	Anwendung/Wirkung
Ackerschachtelhalm (nur Sommertriebe verwenden)	**Brühe:** ca. 1 kg frisches Kraut oder 200 g getrocknetes auf 10 l Wasser, 1 : 5 verdünnen; alle 2–3 Wochen auf Blätter und Boden spritzen **Jauche:** Menge wie bei der Brühe, 1 : 5 verdünnen	Alle frischen Austriebe regelmäßig spritzen; wirkt gegen Pilzerkrankungen, Spinnmilben, Blattläuse und „Umfallkrankheit" von Sämlingen
Brennnessel	**Jauche:** 1 kg frisches oder 200 g getrocknetes Kraut auf 10 l Wasser, 1 :10 verdünnen **Noch gärende Jauche:** 1 : 50 verdünnen **Kalter Auszug:** 10 l Wasser auf 1 kg frisches Kraut	**Jauche:** im Wurzelbereich gießen **Noch gärende Jauche:** verdünnt auf Blätter spritzen **Kalter Auszug:** unverdünnt über Blätter spritzen Stickstoffdünger für stark zehrendes Gemüse, stärkend, kräftigend; kalter Auszug und teilweise auch gärende Jauche für Pflanzen, die gegenüber saugenden Schädlingen (z. B. Blattläusen) empfindlich sind
Holunder	**Jauche:** 1 kg frische oder 200 g getrocknete Blätter auf 10 l Wasser	Unverdünnte Jauche in Wühlmausgänge gießen; der Geruch der Jauche vertreibt (kurzzeitig) Wühlmäuse und Maulwürfe
Kamille	**Tee:** 1 TL Kamillentee in 1 l lauwarmem Regenwasser verrühren **Auszug:** 1 Handvoll Kamille in 1 l lauwarmes Wasser geben, 24 Stunden ziehen lassen, vor Anwendung 1 : 5 verdünnen	Als Saatbehandlung für Schmetterlings- und Kreuzblütler (Samen 15 Minuten einlegen); zur Vitalisierung von Pflanzen, die gegenüber Wurzelkrankheiten und Fäulnis empfindlich sind
Kapuzinerkresse	**Tee:** 1 Handvoll frische Blätter mit 0,5 l Wasser aufgießen	Unverdünnt angewendet kräftigt der Tee Pflanzen, die gegen Blatt- und Blutläuse empfindlich sind
Knoblauch	**Jauche:** 500 g zerhackte Zehen in 10 l Wasser ansetzen, 1 : 10 verdünnen **Tee:** 70 g für 1 l Wasser, mehrere Stunden ziehen lassen	**Jauche:** über den Boden gießen **Tee:** unverdünnt über gefährdete Pflanzen sprühen; zur Gesunderhaltung und Stärkung von Pflanzen, die gegenüber Pilzkrankheiten empfindlich sind (z. B. Echter Mehltau an Rosen und Gurken)
Kren/Meerrettich	**Tee:** 500 g zerkleinerte Blätter auf 1 l Wasser, 1 : 1 verdünnen **Brühe:** 300 g zerkleinerte Wurzeln oder Blätter auf 10 l Wasser	Über die Blätter sprühen **Tee:** zur Gesunderhaltung und Kräftigung von Pflanzen, die gegenüber Monilia empfindlich sind; 1 : 1 verdünnt: bei akutem Befallsdruck, 1 : 5 verdünnt, auch nach Rückschnitt erkrankter Bäume **Brühe:** zur Gesunderhaltung und Kräftigung von Pflanzen, die gegenüber Monilia empfindlich sind
Löwenzahn	**Jauche:** 2 kg frische Blätter und Blüten in 10 l Wasser ansetzen **Tee:** 200 g Pflanzenmaterial mit 10 l Wasser ansetzen	Unverdünnt über Pflanzen und Boden spritzen; junge Pflänzchen 1 : 5 verdünnt gießen; regt das Wachstum an, Qualitätsverbesserung der Früchte; im Herbst auch auf Baumscheiben der Obstbäume aufbringen
Paradeiser/ Tomaten	**Kalter Auszug:** eine Handvoll Geiztriebe oder Blätter auf 1 l Wasser ansetzen, 2–3 Stunden in der Sonne ziehen lassen	Unverdünnt über Kohlpflanzen sprühen; abschreckend gegen Kohlweißlinge

Pflanze	Rezeptur	Anwendung/Wirkung
Rainfarn	**Tee:** 30 g getrocknete Blüten mit 1 l Wasser übergießen **Brühe:** 300 g frisches oder 30 g getrocknetes Pflanzenmaterial in 10 l Wasser ansetzen **Jauche:** 300 g Pflanzenmaterial in 10 l Wasser ansetzen	**Tee:** vorbeugende Spritzungen von Obstbäumen im Herbst und Winter, im Sommer besser 1 : 3 verdünnen; hilft Pflanzen, die gegenüber Milben, Blattläusen, Schmetterlingsraupen empfindlich sind **Jauche und Brühe:** unverdünnt spritzen; hilft Pflanzen, die gegenüber Milben und Insekten empfindlich sind
Ringelblume	**Jauche:** Blüten, Stängel und Blätter in Wasser ansetzen, 1 : 10 verdünnen	Gießen stärkt die Widerstandsfähigkeit von Gemüse, Obst und Blumen
Salbei	**Brühe:** 500 g Pflanzenmaterial in 5 l Regenwasser ansetzen	Unverdünnt, 1- bis 2-mal wöchentlich gießen; hält Kohlweißlinge und Kohlfliegen von Kohlgewächsen fern 1 : 1 verdünnt: zur allgemeinen Gesunderhaltung und Kräftigung von Pflanzen, die gegenüber Krautfäule, Bohnenrost, Falschem Mehltau und Grauschimmel empfindlich sind; beugt auch Krautfäule an Erdäpfeln und Paradeisern vor
Schafgarbe	**Kalter Auszug:** 20 g getrocknetes Pflanzenmaterial auf 1 l Wasser ansetzen, 24 h stehen lassen, 1 : 10 verdünnen	Spritzen zur allgemeinen Gesunderhaltung und Kräftigung von Pflanzen, die gegenüber Pilzkrankheiten und Insekten empfindlich sind
Zwiebel	**Tee:** 75 g gehackte Zwiebeln mit 10 l Wasser überbrühen **Jauche:** 500 g Pflanzenmaterial auf 10 l Wasser ansetzen, 1 : 10 mit Wasser verdünnen	**Tee:** unverdünnt spritzen **Jauche:** auf Boden und/oder Pflanzen gießen Allgemein kräftigend, hilft Pflanzen, die gegenüber Pilzinfektionen empfindlich sind, z. B. Beerensträucher und Obstbäume, Abwehr der Karottenfliege

Kompost – das schwarze Gold des Gartens

Komposterde im eigenen Garten selbst herzustellen und zu verwenden ist ein wesentlicher Beitrag zum Umwelt- und Klimaschutz. Das ist keineswegs eine Übertreibung, wenn man bedenkt, wie vielfältig Komposterde im Garten einsetzbar ist und dass sie chemisch-synthetische Mineraldünger und Torferde überflüssig macht.
Im Komposthaufen fressen Bodenlebewesen wie Kompostwürmer, Asseln und viele mehr die von Bakterien anverdauten Gartenabfälle, z. B. Gras, Blätter, Staudenstängel. Dabei werden auch Mineralstoffe aus dem Boden aufgenommen, die im Darm vieler Tiere mit den organischen Resten zu den bereits angesprochenen Ton-Humus-Komplexen aufgebaut und ausgeschieden werden. Diese haben eine besonders gute Fähigkeit, Nährstoffe und Wasser zu speichern. Die Krümelstruktur der Komposterde trägt außerdem wesentlich zur Durchlüftung des Bodens bei. Kompost ist bei richtiger Herstellung deshalb der beste Dünger, den man sich für Gartenpflanzen vorstellen kann. **Rohkompost** entsteht bei warmem Wetter bereits 2–3 Monate nach dem Aufsetzen,

Komposterde. © Natur im Garten/A. Haiden

Kompostwürmer. © Natur im Garten/A. Haiden

vor allem, wenn man ihn beim ersten Aufsetzen gut anfeuchtet und anschließend intensiv bewegt: Dazu wird er vier Wochen lang wöchentlich umgesetzt. Keine Sorge, das ist nur beim ersten Umsetzen anstrengend, danach ist diese Arbeit bei einem normal großen Haufen in 30 Minuten erledigt. Anschließend setzt man ihn zweimal alle 14 Tage um. So ist er nach zwei Monaten fertig und kann bis zur Ausbringung ruhen.

Bei weniger intensivem Umsetzen dauert dieser Prozess bis zu sechs Monate. Rohkompost enthält besonders viele Nährstoffe und eignet sich daher besonders gut zur Düngung stark zehrender Pflanzen wie Gurken, Lauch, Kohl oder Kürbissen. Er kommt im Frühling und Sommer auf die Beete, wenn die Pflanzen kräftig wachsen und die frei werdenden Nährstoffe am besten verwerten können. Verwende für Komposttees am besten Rohkompost, denn er ist hochaktiv.

Reifer Kompost ist meist nach 9–12 Monaten fertig, alle Ausgangsmaterialien wurden von den Bodenorganismen bereits in Humus umgewandelt. Reifer Kompost duftet angenehm nach Walderde. Riecht er hingegen stechend, setze ihn um oder warte einfach noch ein Weilchen. Reifer Kompost kann überall im Garten oberflächlich in den Boden eingearbeitet werden, z. B. in Gemüsebeete, auf die Baumscheibe von Obstbäumen, in Blumenrabatten. Er düngt sanft und verbessert die Bodenstruktur nachhaltig.

Lässt man Kompost länger liegen oder wendet ihn nur einmal jährlich, so läuft die Rotte wesentlich langsamer ab; die intensive Heißrotte entfällt, weil meist zu wenig Sauerstoff und Feuchtigkeit an alle Pflanzenteile gelangt und viele Nährstoffe gehen ungenutzt verloren. Trotzdem behält er in der Regel seine bodenbelebenden Eigenschaften bei.

NATUR im GARTEN Tipp

Kressetest

Du erkennst die Reife des Komposts am besten mithilfe eines Kressetests: Fülle dafür etwas vom Kompost in ein Einmachglas und streue Kressesamen darauf aus. Sie sollten nach 5–7 Tagen keimen. Der Kressetest zeigt dir, ob der Kompost reif und bereit zur Anwendung im Garten ist. Wächst die Kresse nicht, riecht sie leicht schwefelig, verfärbt sich leicht bläulich oder stirbt nach ein paar Tagen ab, ist der Kompost noch nicht reif.

Tipps zum Ansetzen eines Komposthaufens:

1. Der beste Platz dafür liegt im Halbschatten, z. B. unter einem Holunderstrauch, der gern nährstoffhaltiges Sickerwasser aufnimmt. Der Untergrund besteht aus natürlichem Boden. Mikroorganismen und Bodentiere, die für die Rotte wichtig sind, können hier besser zu- und abwandern.
2. Als unterste Schicht lege sperrige Zweige ca. 20 cm hoch aus. Dies schafft Hohlräume und gewährleistet die Durchlüftung des Haufens.
3. Für ein ausgewogenes Kohlenstoff-Stickstoff-Verhältnis (C : N) wird dürres, braunes Material, z. B. Laub, Häckselgut, Staudenstängel, mit grünem, frischem Material, wie Rasenschnitt, Küchenabfälle oder Fallobst, gemischt. Willst du den Kompost besonders

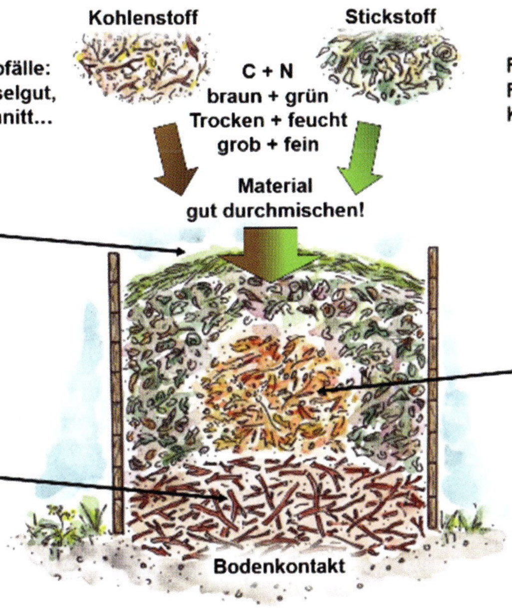

Komposthaufen. © L. Mayrhofer

schnell in Schwung bringen, tauche diese Mischung mit der Grabe- oder Mistgabel in einem Wasserbottich unter, damit sie sich schön vollsaugt. Hebe sie aus dem Wasser und gib sie auf den Haufen.

4. Damit sich keine Ratten ansiedeln, sollten keine Speisereste, kein Brot und kein Fleisch kompostiert werden.
5. Stehen zu wenig frische Materialien zur Verfügung, können als Stickstoffquelle auch Mist von Pflanzenfressern, Brennnesseln, Brennnesseljauche oder Hornspäne zugemischt werden.
6. Schichte das Material locker zu einem pyramidenförmigen, ca. 1,5–2 m hohen Haufen auf. Es wird in wenigen Tagen auf die Hälfte zusammensinken.
7. Zur „Beimpfung" mit Mikroorganismen kannst du reife Komposterde oder Gartenerde zwischen die Abfälle streuen. Sind sie zu trocken, einfach mit der Gießkanne anfeuchten.
8. Zum Schutz vor Austrocknung oder Vernässung mit Kompostvlies, Stroh, Heu oder anderen luftdurchlässigen Materialien abdecken.
9. Der Kompost ist, abhängig vom Materialmix und der Intensität der Rotte, nach 3–12 Monaten verwendbar. Hat er eine einheitliche braune Farbe angenommen und sind die Kompostwürmer nach unten abgewandert, ist er fertig.
10. Wirf ihn vor der Verwendung durch ein Kompostsieb. Die unverrotteten, ausgesiebten Teile landen zur „Beimpfung" im neuen Komposthaufen.

Interessante Hintergrundinfos und verschiedenste Kompostsysteme sind im Buch „Kompost für alle Fälle" anschaulich dargestellt.

Ernten, Lagern, Konservieren

Selbst Angebautes überzeugt durch Frische und Bioqualität und ist – zur richtigen Reifezeit geerntet – besonders gehaltvoll. Richtig gelagert oder haltbar gemacht bleiben Geschmack und Qualität lange erhalten. Außerdem ist die Ernte aus dem eigenen Garten als Alternative zu weitgereisten Produkten ein wichtiger Beitrag zum Klimaschutz. Bevor du Vorräte anlegst, solltest du aber überlegen, was du wirklich brauchst. Anbau, Ernte, Lagerung und Verbrauch sollten gut auf die eigene Ernährungs- und Lebensweise abgestimmt sein.

Richtige Lagerung – Kräuter

Kräuter und Blüten werden am besten an einem schönen, trockenen Vormittag geschnitten, bevor die starke Mittagssonne ätherische Öle aus den Pflanzen zieht; Rosenblüten erntet man sogar schon zeitig in der Früh. Nur saubere, unversehrte Pflanzenteile finden ihren Weg in einen luftigen Korb oder Papiersack. Wenn sie getrocknet werden sollen und unverschmutzt sind, brauchst du sie gar nicht zu waschen, weil das auch ein wenig vom Aroma wegspülen würde. Weniger saftige Kräuter, insbesondere die Trockenheit liebenden mediterranen, aber auch Zitronenmelisse oder Minze eignen sich gut fürs Trocknen. Gebündelt und kopfüber aufgehängt an einem trockenen, luftigen und nicht von der Sonne beschienenen Ort bewahren sie ein würziges Aroma. Im getrockneten Zustand können die Blätter mit behandschuhter Hand leicht abgerebelt und dann in dichte Behälter gefüllt werden.

Wenn du etwas anderes mit Kräutern vorhast: In feuchten Stoff eingeschlagen, in Wachstücher gewickelt oder frisch gewaschen in einem Behälter im Kühlschrank bleiben alle Kräuter – ebenso wie Spargel und Blattgemüse – einige Tage lang frisch.

Getrocknet und luftdicht verschlossen halten Kräuter-Aromen lange.

Bindeschleife zum Aufhängen von Kräutern.

Kräuter werden gebündelt an einem luftigen trockenen Platz aufgehängt.

Tipps und Tricks

- Für Pilze gilt für die Lagerung dasselbe wie fürs Sammeln: Niemals in Plastik einpacken! Bewahre Pilze ausschließlich in luftdurchlässigen Gefäßen auf, am besten im Gemüsefach des Kühlschranks, oder verarbeite sie gleich weiter.
- Kornblumen werden einige Zentimeter unterhalb der Blüte abgeschnitten, erst nach dem Trocknen unterhalb des Kopfes eingekürzt und z. B. in einem Glasgefäß aufbewahrt. Die Blüten können für kreative Zwecke auch gepresst werden. Sie bewahren lange ihre intensive tiefblaue Farbe.
- Brunnenkresse und Sauerampfer können nicht haltbar gemacht werden.
- Saftige Kräuter wie Schnittlauch, Kerbel oder Petersilie werden gern eingefroren, verlieren dabei aber an Qualität.
- Basilikum, Bärlauch oder Löwenzahn ergeben hervorragende Pestos. Auch Kräuteröl, -essig, -salz und Auszüge mit Alkohol, z. B. Wermut als weinhaltiges Getränk, oder stärker alkoholische Tinkturen, z. B. aus Kapuzinerkresse, sind Möglichkeiten, die Kräuter haltbar zu machen, damit sie ihre Kräfte auch zu anderen Jahreszeiten entfalten können.

Rosenblüten

Rosen sind nicht nur eine wundervolle Dekoration für Garten und Haus, die Blütenblätter kannst du ernten und vielseitig verwenden. Wenn sich Käfer und Co. in den Blüten tummeln, klopfe sie kräftig ab oder stülpe einen lichtdichten Papiersack mit einigen Löchern am oberen Ende über die Blüten. Die kleinen Tiere suchen den Weg zurück ins Licht – und damit weg von den Rosenblüten.

Je intensiver der Rosenduft, umso intensiver auch der Geschmack. Speziell dunkle bis rosa Sorten von Damaszener-, Gallica- und Alba-Rosen, Centifolien, Moosrosen und Englischen Rosen eignen sich hervorragend zur farblichen Ergänzung auf dem Teller. Weiße Rosenblätter werden hingegen nach der Ernte schnell braun. Der helle Ansatz der rosaroten Blütenblätter steuert eine leicht herbe Note bei. Wenn dir der Blütenansatz der Rosen zu bitter ist, entferne diesen einfach mit der Schere. Gehackte Rosenblätter verfeinern Schlagsahne, Cremes oder ausgefallene Kuchen. Mit Salz gemischte, zerkleinerte Rosenblätter eignen sich zum Würzen zart pikanter Speisen.

Rosenblütenblätter passen hervorragend zu Spargelgerichten.

NATUR im GARTEN Tipp

Bunte Wildkräuter

Sammle den Sommer über immer wieder Giersch-, Gundelreben-, Schafgarben-, Löwenzahnblätter und -blüten, Frauenmantel, Dost, Blüten von Rosen, Veilchen, Malven, Salbei und weitere Wildkräuter, die du kennst. Kombiniere sie nach Lust und Laune mit klassischen Küchenkräutern wie z. B. Schnittlauch, Rosmarin und Basilikum, schneide sie klein und trockne sie. In einer Kaffeemühle weiter zerkleinert wird ein tolles Wildkräutergewürz daraus und vermischt mit Salz ein Wildkräutersalz. *(Rezept von Monika Vesely)*

Obst ernten und lagern

Nur bei erntereifem Obst und Gemüse sind die Inhaltsstoffe voll entwickelt und die Schale fest genug für die Lagerung. Pflückreifes Winterobst braucht die Zeit im Lager sogar oft, um Stärke in Zucker umzuwandeln und erst so richtig genussreif zu werden. Wenn du an trockenen, sonnigen Tagen am Vormittag erntest und das Erntegut vor Hitze, Nässe oder Kälte schützt, bleiben mehr Vitamine erhalten.
Dass Äpfel und Birnen pflückreif sind, zeigt sich, wenn sie bei leichter Dreh-Knick-Bewegung leicht abzunehmen sind. Dabei bleibt der Stiel an der Frucht, denn das macht sie besser haltbar. Auch wenn die ersten wirklich schönen, wurmlosen Äpfel am Boden liegen, ist das ein Zeichen für den Beginn der Erntezeit, denn anfangs fallen nur faulige, schadhafte, wurmige, angenagte Äpfel hinunter. Fallobst solltest du möglichst schnell vom Boden auflesen, damit Pilze und Schädlinge nicht nah am Baum überwintern können. Auch Fruchtmumien entfernt man umgehend aus dem Baum, um Monilia, eine gefürchtete, durch Schadpilze hervorgerufene Erkrankung, nicht in die nächste Saison zu tragen.
Je nachdem, wie hoch der Baum ist, benötigt man eine Leiter oder einen Pflücker als verlängerten Arm. Sind die Zweige fast noch in Reichweite, lang und biegsam, kann man sie mit einem „Hakler" heranholen – leicht selbst herzustellen aus einem langen dünnen Ast mit Verzweigung.

Gut zu wissen

Zur Erntezeit von Apfel, Birne und anderem Obst gehen Grüntöne in Gelbnuancen über; hier tauchen orangefarbene Flammen auf, dort eine rote Backe. Größere Temperaturunterschiede zwischen warmen, sonnendurchfluteten Herbsttagen und beinah schon frostigen Nächten zaubern Farbe auf die wohlgerundeten Früchte.

Mit passendem Werkzeug (Spitzkorb, Hakler und Obstpflücker) und einer stabil stehenden Leiter geht die Ernte flott von der Hand.

Will man in den Baum hineinklettern, ist ein Spitzkorb ideal für die Ernte – mitunter auch unter den regionalen Bezeichnungen „Zistel", „Zizel" oder „Zeger" zu finden. Einerseits wird der Druck auf die Früchte ganz unten im Korb minimiert. Andererseits kann der vollgepflückte Korb nicht so leicht hängen bleiben oder kippen wie ein bauchiger Behälter, sollte er beim Hinablassen auf einen Ast stoßen. Mit einem am Henkel befestigten Haken entsprechender Größe kann der Spitzkorb an Ästen aufgehängt werden. So hat man beide Hände fürs Pflücken frei. Auf dem Erdboden ist er allerdings äußerst anlehnungsbedürftig und benötigt ein sicheres Eck zum Abstellen.

Lager vorbereiten

Die Lagerplätze werden vor dem Befüllen mit Geschirrspülmittel oder Essigwasser gesäubert und sollen danach gut trocknen. Drahtgeflechte dienen als Mäuseschutz. Vor dem Einlagern solltest du dein Obst und Gemüse auch nach Asseln, Schnecken oder Möhrenfliegenmaden absuchen, um diese tunlichst aus dem Lager draußen zu halten. Danach wird das Erntegut am besten wöchentlich auf mögliche Fäulnis kontrolliert.
Ständige Luftzirkulation verhindert bei zu hoher Luftfeuchtigkeit zwar unerwünschten Schimmel oder Fäulnis, Zugluft kann aber viel Feuchtigkeit entziehen. Deswegen empfehlen wir, regelmäßig nachts zu lüften, solange die Außentemperatur noch über –5 °C liegt.
Erdkeller mit offenem Lehmboden an Häusernordseiten sind optimal: Sie sind ganzjährig dunkel, kühl bei 2–6 °C und luftfeucht bei 80–92 Prozent Luftfeuchtigkeit. Das Raumklima trockener Kellerräume, frostsicherer Garagen oder Gartenhäuschen braucht zum Einlagern hingegen Optimierung: Wenn möglich wird beim Bau bereits ein Teil des Bodens nicht betoniert, die Luftfeuchtigkeit lässt sich aber auch über aufgestellte Wasserbehälter oder leicht befeuchtete Ziegelwände bzw. -böden erhöhen. Unbeheizte und beschattete Dachböden, Gänge oder Treppenhäuser bieten ebenso Lagerplatz wie wärmegedämmte Raumteiler außen am Haus oder ausgekleidete Lichtschächte vor Kellerfenstern. Wenn du diese mit luftdurchlässigen Regalen, Stellagen oder stapelbaren Kisten ausstattest, kannst du darin Obstarten wie Physalis, Kiwi und Mispel am besten in nur einer Schicht locker auf Packpapier legen. Lageräpfel, -birnen und Quitten legt man mit dem Stiel nach oben aufs Papier.

Im Keller lagern

Die Haltbarkeit des Lagerguts ist abhängig von Lagerdauer, Temperatur, Sauerstoff- und CO_2-Gehalt der Luft, Luftfeuchte und der Belichtung. Generell gilt: Nur trockene, gesunde Gartenschätze ohne Krankheiten und Schädlingsbefall, Druckstellen oder Verletzungen werden eingelagert, ohne einander zu berühren. Das gilt sowohl für Obst als auch für Gemüse. Fallobst und kranke Früchte bzw. solche ohne Stiel werden besser sofort verwertet, denn sie faulen schneller, genauso wie angenagtes oder anderweitig beschädigtes Gemüse.

© T. Bachmayr

Ausgereift vom Baum gefallene Marillen werden für Marmelade großzügig ausgeschnitten.

NATUR im GARTEN *Tipp*

Getrennte Lagerung hält jung

Wenn du Gemüse und Obst in zwei separaten Räumen lagerst, hat das Obstreifungsgas der Äpfel (Ethylen) keine Chance, die Nachbarn vorzeitig altern zu lassen.

Gemüse ernten und lagern

Auch Wintergemüse lässt sich bis in den Frühling gut bevorraten. Viele Kohl- und Zwiebelgewächse sowie Wurzelgemüse gehören dazu. An einem niederschlagsfreien Tag wird die Erde rund um z. B. Karotten mit Spaten oder Grabegabel gelockert und das Erntegut vorsichtig an die Oberfläche geholt. Die Erde wird händisch abgeklopft und das Wurzelgemüse für einige Stunden an der Sonne abgetrocknet. Gemüse aus der Erde sollte vor dem Einlagern nicht gewaschen werden, sondern noch einige Tage in einem luftigen Raum abtrocknen, damit die Schale aushärtet. Die dünne Erdkruste mindert die Verdunstung und schützt vor Fäulniserregern.

Artischocken und Petersilie.

Karottenernte.

Zwiebeln im Korb.

Ernte von Süßkartoffeln.

„Erdfeucht“ im Sand

Erdfrüchte lagerst du am besten so wie im Gartenboden, wo sie herkommen. Erdäpfel, Rettiche oder Schwarzwurzeln werden in luftigen Behältern lose übereinandergeschichtet, andere Wurzelgemüse und Lauch schichtweise in Erdmieten oder Kisten mit geschlossenem Boden, in Eimern oder Tontöpfen in Sand eingegraben. Es sollte dunkel sein, eine Temperatur von 2–10 °C und 90–95 Prozent Luftfeuchtigkeit herrschen.

Schichte beispielsweise Karotten nebeneinander in einer Kiste ein und bedecke jede Schicht mit Sand, sodass sich die Karotten nicht berühren. Damit die Blätter keine

Nährstoffe aufzehren, werden sie vorher 1–2 cm kurz abgeschnitten oder abgedreht. Keine Sorge, wenn sie im Lager nachwachsen, ist das kein schlechtes Zeichen. Auch das zarte Grün kann – mit Ausnahme von Kartoffeln – in der Küche verwendet werden. Zu trocken gelagert verliert Wurzelgemüse zwar schneller an Knackigkeit, kann lasch und eingeschrumpelt aber durchaus schmackhaft und verwendbar sein. Schimmliges Lagergut hingegen solltest du unbedingt rasch entsorgen.
In hellen Kellern oder Schuppen werden Fenchel und verschiedenste Kohlgemüse dicht an dicht mit den Wurzeln in etwas Sand oder Erde gestellt, am besten in Kisten auf Regalen kühl und frostfrei bei 2–5 °C und 90–95 Prozent Luftfeuchtigkeit. Wintersalate wie Chinakohl, Endivien oder Radicchio kannst du einzeln in Zeitungspapier einwickeln, so bleiben sie länger in Form.

Erdmiete selbst bauen

Erdkeller sind rar geworden, eine selbst gebaute Erdmiete aus einer alten Waschmaschinentrommel leistet aber ähnlich gute Dienste bei der feuchten Lagerung von Wurzelgemüse und Kohl, denn im Boden bleiben Temperatur und Feuchte stabil.

1. Dazu gräbt man ein Loch, das 2 cm breiter und tiefer als die Waschmaschinentrommel ist. Die Trommel sollte auf der Unterseite Löcher haben, hat sie die nicht, muss man welche bohren, damit überschüssiges Wasser abrinnen kann.
2. Auf den Boden der Grube kommen 1–2 cm Sand, dann setzt man die Trommel hinein und füllt die Außenränder ebenfalls mit Sand. Er hält Würmer davon ab, ins Lager zu kriechen und sich am Gemüse zu vergreifen. Im Inneren der Trommel kann das Lagergut in feuchten Sand gebettet werden, ohne dass sich die einzelnen Stücke berühren.
3. Sehr wichtig ist es, die Öffnung mit einem Stein dicht zu schließen, damit Schnecken und Mäuse draußen bleiben.

Luftig lagern

Knoblauch und Zwiebeln sind erntereif, wenn das Laub mindestens zu zwei Dritteln vergilbt ist. Am besten holt man sie mit einer Grabegabel heraus, indem man weit genug davon entfernt hineinsticht und sie heraushebelt, wenn sie sich nicht sogar einfach so am Schopf aus der lockeren Erde ziehen lassen. Dann lässt man sie geschützt vor Regen zwei Wochen gut abtrocknen. Beschädigte Zwiebeln und Knoblauchknollen werden für den baldigen Verbrauch aussortiert.

So entsteht ein „Knoflzopf".

Knoblauch wird im Keller oder auf dem kühlen Dachboden bei 0–12 °C und 60–70 Prozent Luftfeuchtigkeit luftig in Holzkisten und Körben oder an stabilen Gittern an der Kellerdecke gelagert. Zwiebeln kannst du alternativ auch ohne Laub in Kisten legen. Am Wurzelstrunk kopfunter baumeln können Kopfkohl und Zichorie.

Wärmer mögen es Kürbisse und Süßkartoffeln, die bei 15 °C auf Stroh gebettet werden. Süßkartoffeln sollten nach der Ernte 2–3 Wochen liegen, um ihr volles Aroma zu entwickeln. Wenn du sie in zwei Lagen Zeitungspapier einwickelst, bleiben sie auch in Räumen mit sehr niedriger Luftfeuchte den ganzen Winter knackig und du kannst im Frühling aus einigen Knollen ausreichend Triebe für die kommende Saison wachsen lassen.

LAGERTEMPERATUREN VON GEMÜSE

Temperatur	Gemüse
0 °C	Brokkoli, Chinakohl, Endivien, Kartoffeln, Fenchel, Karfiol/Blumenkohl, Kohlrabi (späte Lagersorten), Kopfsalat, Radicchio, Rotkohl, Weißkohl, Spinat, Wirsing, Zichorie
2–5 °C	Karotten, Knoblauch, Knollensellerie, Knollenziest, Kren/Meerrettich, Pastinaken, Rote und andere Rüben, Schwarzwurzeln, Winterrettich, Wurzelpetersilie, Zwiebeln
2–10 °C	Radieschen und Topinambur bleiben nur kurze Zeit knackig
10–18 °C	Kürbisse, Melanzani/Aubergine, Paprika und Paradeiser, Süßkartoffeln Gurken sind nur kurzfristig lagerbar

Lagerung im Freien

Nahe am Haus oder unter dem Carport bieten sich regengeschützte Orte zur Lagerung im Freien an. Hoch- oder Frühbeete können nach der Ernte zu Gemüselagern umgestaltet werden oder du hebst Erdmieten im Boden aus: Dämmmaterial wie Bretter sowie dicke Lagen Stroh, trockenes Laub, Erde oder Rindenmulch schützen den kostbaren Inhalt vor Frost, Gitter oder mitvergrabene Behälter vor Mäusefraß. Geöffnet und gelüftet wird nur bei Temperaturen über dem Gefrierpunkt.

Frisch Ernten nach dem Frost

Während Erdäpfel, Kürbisse, Rote Rüben und Süßkartoffeln unbedingt vor dem Frost geerntet werden müssen, vertragen Chinakohl, Fenchel und Sellerie kurzfristig auch ein paar Minusgrade und Wintersalate, Zuckerhut, Grünkohl, Sprossenkohl, Winterlauch und Kohlköpfe sogar mehr Frost. Sie können also mit ein wenig Schutz durch Laubschichten am Fuß und eventuell einem Vlies bei Kälteeinbrüchen noch bis in den Winter hinein im Beet bleiben und geerntet werden. Winterkohlgemüse in all seinen Formen wird durch Frost sogar noch schmackhafter, wenn Stärke in Zucker umgewandelt wird. Du solltest es nur gut vor scharfem Wind schützen und es im gefrorenen Zustand nicht anfassen, damit die im Blatt entstandenen Eiskristalle die Zellstruktur nicht zerstören. Petersilie, Vogerlsalat und Spinat sind ebenso gänzlich winterhart wie späte Karotten, Pastinaken, Schwarzwurzeln und Topinambur. Vor Mäusen geschützt, kannst du sie auch erst im Frühling aus der Erde holen, sobald diese aufgetaut ist.

Obst, Gemüse und Pilze konservieren

Auch ohne kühlen Keller gibt es Möglichkeiten, sich das ganze Jahr über an geernteten Gartenschätzen zu erfreuen und große Erntemengen zu bevorraten. Appetitlich abgefüllt und sofort verwendbar, verkürzen die vorbereiteten Köstlichkeiten später die Essenszubereitung und sind auch ein willkommenes Geschenk für die nächste Einladung.

Tiefkühlen zählt zu den beliebtesten Konservierungsmethoden, denn es geht rasch und einfach. Allerdings schlägt dabei ein hoher Energieverbrauch zu Buche und bei Stromausfall droht der Verlust des gesamten Ernteguts. Durch Kälte ist eine Haltbarkeit von bis zu einem Jahr möglich. Blanchiert man Gemüse vor dem Tiefgefrieren – d. h., das Gemüse wird kurz gekocht und dann in eiskaltem Wasser abgeschreckt –, bleiben Farbe und Vitamine besser erhalten. Blattgemüse blanchiert man 1–2 Minuten, dickeres und festes Gemüse 3–4 Minuten. Pilze werden nur geputzt und im Ganzen oder in Stücke geschnitten eingefroren. Saftiges Obst wie Marillen, Zwetschken oder Beeren werden einzeln auf ein Blech oder Tablett gelegt und vorgefroren, bevor man es tiefgekühlt in Behälter füllt – für eine leichtere Entnahme auch kleinerer Mengen.

© M. Beneš-Oeller

Suppengemüse. kochfertig vorbereitet zum Blanchieren und Einfrieren

Einlegen in Öl: In geschmacksneutralem Raps- oder Sonnenblumenöl entfalten Kräuter, Knoblauch, getrocknete Paradeiser, Chili, Melanzani, Artischocken und Pilze ihr charakteristisches Aroma. Sie müssen mindestens 0,5 cm mit Öl überdeckt sein, um Schimmel zu vermeiden. Eine sehr beliebte Kombination sind Kräuter in Olivenöl.

© Shutterstock/Africa Studio

Einlegen in Öl.

© Shutterstock/Vita_Dor

Einsäuern in Essig.

Einsäuern in Essig: Saure Stoffe bzw. säurebildende Mikroorganismen machen Gemüse lange haltbar. Noch länger hält es so gesäuert durch Pasteurisieren und luftdichten Abschluss. Geeignet dafür sind u. a. Kraut, Gurken, Rüben oder Pilze. Für Obst eignet sich diese Art der Konservierung nur in speziellen Fällen. Hier kommt öfter hochprozentiger Alkohol zum Einsatz, geschmacklich zur jeweiligen Frucht passend, z. B. im Rumtopf.

© Shutterstock/itor

Gemüse fürs Fermentieren eng zusammenpressen.

Fermentieren: Schon Seefahrer schätzten gesundes Sauerkraut: Weißkraut, mit Kümmel und Wacholderbeeren gewürzt, wird unter Luftabschluss durch natürliche Milchsäuregärung oder Fermentierung haltbar gemacht. Dabei bleiben wertvolle Mineralstoffe, Vitamine und Enzyme erhalten. Durch die entstehenden Milchsäurebakterien wird die Darmflora und damit die Verdauung proaktiv unterstützt und nebenbei auch das Immunsystem gestärkt, vor allem durch den regelmäßigen Genuss kleiner Mengen. Eine mit der Schärfe von Chilis, Knoblauch und Ingwer stärker gewürzte Variante aus Korea ist Kimchi. Das fermentierte Gericht wird u. a. aus Chinakohl, Rettich, Zwiebeln oder anderem Gemüse komponiert. Beim Fermentieren wird das Gemüse mit 1–2 Gewichtsprozent unjodiertem Salz (auf 1 kg Gemüse 20 g Salz) und Gewürzen nach Geschmack lagenweise in Behälter gestampft, wodurch Gemüsesaft ausgepresst wird. Bevor der Behälter voll ist, wird das Gemüse mit abgekochten Gewichten, z. B. aus Glas, Keramik oder Stein beschwert und bis zur vollständigen Bedeckung mit Salzlake aufgefüllt, damit keine Luft drankommt. Diese sollte einige cm unter dem Behälterrand stehen, damit nichts überschäumt bei der ersten stürmischen Gärung. Nach einigen Tagen bei Zimmertemperatur darf es noch einige Wochen kühl weitergären, bis es würzig-sauer schmeckt. Es kann so einige Monate gelagert werden, in denen es weiter an Säure gewinnt.

Einkochen und Sterilisieren: Vorbereitetes Obst, Gemüse und Zutaten werden in Gläsern im Topf oder Backofen im Wasserbad

© M. Beneš-Oeller

Obst- und Gemüsesäfte halten sich sterilisiert etwa ein Jahr.

bei über 75 °C ca. eine halbe Stunde erhitzt und noch heiß luftdicht verschlossen. Mit Salz oder Kräutern eingekochte Paradeiser sind eine willkommene Zutat für mediterrane Gerichte. Teilweise mithilfe von Zucker gelingen Marmelade, Kompott, Mus, Chutney, Saft oder Sirup. Sie können aber auch kaltgerührt und so für kurze Zeit im Kühlschrank aufbewahrt werden. Durch eine kühle und dunkle Lagerung bleibt auch bei Eingekochtem die Farbe lange appetitlich.

© Shutterstock/Barth Fotografie

Selbstgemachte Suppenwürfel aus dem Glas.

Einsalzen: Das Prinzip des Einsalzens beruht darauf, dass Wasser aus den Zellen austritt, was die Vermehrung von Bakterien und die Bildung von Schimmel hemmt. Die einfachste Variante der Anwendung sind Kräutersalze; dafür wird Salz als Hauptzutat mit getrockneten oder frischen Kräutern gemischt. Bei der Verwendung von frischen Kräutern lässt man diese gemeinsam mit dem Salz trocknen, bevor man die Mischung in Gläser abfüllt und verschließt. Auch selbst gemachte „Suppenwürfel" aus dem Glas mit einem Verhältnis von 1 Teil Salz zu 4 Teilen Gemüseraspel halten einige Monate im Kühlschrank. Dafür wird ¼ kg Salz mit 1 kg geraspeltem Suppengemüse bzw. fein gehacktem Suppengrün gut vermischt und ohne Lufteinschlüsse in ein Glas gepresst. Für die Herstellung einer schmackhaften Gemüsebrühe kann man 2 EL dieser Mischung in ¾ l Wasser aufkochen.

Trocknen: Verschiedenste Pilze, Gemüse- und Obstarten lassen sich energie- sowie platzsparend durch Trocknen konservieren. Durch Wasserentzug sterben die Mikroorganismen zwar nicht ab, sie können sich aber nicht weiter vermehren. Beim Trocknen sind niedrige Temperaturen nährstoffschonend. Getrocknete Lebensmittel sollten fest und runzelig sein, dürfen aber nicht hart sein. Je faltenreicher das Aussehen ist, desto länger sind sie haltbar. Zum Trocknen von Obst und Gemüse werden besser Gitter als Bleche verwendet oder spezielle Solartrockner. Wird im Freien getrocknet, sind eine gute Belüftung und konstant 40 °C erforderlich. Im Backofen darf die Temperatur max. 50–60 °C betragen. Die Backofentür bleibt einen Spalt offen, damit Feuchtigkeit entweichen kann. Gemüse wird vor dem Trocknen zerkleinert, ca. drei Minuten blanchiert, abgetrocknet und dann flach auf Trocknungsroste gelegt. So vorbereitet kann man es in 2–8 Stunden trocknen. Fertig getrocknet werden die Produkte luftig und trocken etwa in Papiersäcken aufbewahrt. Vor der Zubereitung werden die Gemüsestückchen in kaltem Wasser eingeweicht. Das Einweichwasser wird möglichst weiterverwendet.

© Natur im Garten/D. Tüchler

Trocknungsgestelle wie dieses eignen sich für kleine Pflanzenteile, Kräuter und Blütenköpfe.

Kulturen
Details und Sortenempfehlungen

Arten und Sorten für Einsteiger

Für den Start in den Eigenanbau empfehlen sich Kulturarten, die rasch keimen, schnell wachsen und baldige Ernte versprechen. Wer könnte das besser als Radieschen, Spinat, Feld-, Pflück- oder Asiasalate? Die Farben-, Formen- und Geschmacksvielfalt der unterschiedlichsten Sorten kann sich sehen lassen. Auch Erbsen sind zu Recht eine beliebte Einstiegskultur. Sorten, die sich mit ihren Ranken selbst stützen und niedrig bleiben, ersparen dir sogar den Aufwand der Installation von Rankhilfen. Blattpetersilie, Mangold, Bohnen, Steckzwiebeln, Kartoffeln und Kohlrabi eignen sich ebenfalls für die ersten Schritte, sofern man die richtigen Anbauzeiten einhält und die Grundlagen der Gemüsepflege (siehe Seite 92) beherzigt.
Für Knoblauch benötigst du etwas Geduld. Im Oktober gesteckt braucht er bis zum Juni des Folgejahrs, bis er seine würzigen Zehen ausgebildet hat. Da er aber in der Pflege wenig anspruchsvoll ist, zählt auch er zu unseren Einstiegsempfehlungen, genauso wie Buschbohnen, die nicht so aufwendig in der Kultur sind wie Stangenbohnen. Wer Fruchtgemüseklassiker wie Tomaten, Gurken, Zucchini und Kürbisse anbauen möchte, dem sei an dieser Stelle das Kapitel Saatgut, Vorkultur und Pflanzenvermehrung empfohlen. Man kann diese Arten zwar auch direkt säen, aber besser gelingt es mit einer geschützten Voransaat, weil Tomaten, Gurken & Co. wärmebedürftiger als die vorher genannten Kulturen sind. Davon abgesehen sind sie unkompliziert und belohnen auch nicht so geübte Gartenfans mit schmackhafter Ernte.
Die Selbstversorgung mit Kräutern fällt noch leichter. Sind sie klein und genügsam, gelingt dies bei entsprechender Pflege sogar in Töpfen oder

Kohlrabi Superschmelz – eine Pflanze liefert so viel Ertrag wie zwölf normal große Kohlrabis!

Balkonkistchen.Mediterrane Kräuter wie Thymian, Rosmarin und Oregano sind in durchlässig-sandigem Substrat gut aufgehoben, Petersilie und Schnittlauch in humoser Garten- oder Blumenerde, ebenso wie Minze oder Zitronenmelisse, die im Freilandbeet sogar schnell mal überhandnehmen.

Beerenobst findet in jedem Garten und sogar auf dem Balkon Platz, ist unkompliziert, abgesehen von einigen Erdbeersorten selbstfruchtbar und hat auch der Insektenwelt etwas zu bieten. Die pilzwiderstandsfähigen PIWI-Weinreben trotzen nicht nur der größten Hitze, sondern auch dem Befall durch Pilzerkrankungen. 'Polka', eine Herbsthimbeersorte, trägt von August bis Oktober, wenn ihre Triebe überwintern sogar über den ganzen Sommer, ebenso wie Monatserdbeeren oder die wohlschmeckende, selbstfruchtbare Erdbeersorte 'Mara des Bois'.

Beeren zum direkten Naschen sind bei Kindern besonders beliebt, gefolgt von den Klassikern Apfel, Birne, Zwetschke oder Pfirsich. Kleine Baumformen bewältigt ein moderner Haushalt mit nicht so großem Garten meist leichter. Sie tragen auch viel schneller als großkronige Bäume, die sich mitunter zehn Jahre bitten lassen bis zur ersten Ernte. Dafür liefern diese dann eine große Ernte, die es entweder schnell zu verarbeiten oder gut zu lagern gilt.

Auch wenn du deine Lieblingskulturen nicht auf dieser Seite wiederfindest, lass dich nicht davon abhalten, sie anzubauen: Wo die Motivation besonders hoch ist, gelingt die Kultur bei entsprechender Beschäftigung mit den Ansprüchen an Standort und Pflege häufig sehr gut.

Mischkultur im Bauerngarten. © Natur im Garten, M. Beneš-Oeller

Küchen-, Wild- und Heilkräuter

Es ist einfacher, sich mit Kräutern vollständig selbst zu versorgen als mit Gemüse und Obst. Die meist genügsamen Hungerkünstler brauchen nur wenig Platz und bringen mit einer guten Drainage und normaler Gartenerde sichere Erträge. Frisch geerntet entfalten sie ihr Aroma und ihre Wirkung optimal. Nebenbei locken sie mit ihren Blüten eine Vielfalt von Insekten an, betören mit herrlichen Düften, Farben und Formen.
Unter den Kräutern gibt es sowohl krautige Pflanzen, wie Petersilie und Schnittlauch, als auch Zwerg- und Kleinsträucher, zu denen sehr beliebte mediterrane Kräuter wie Thymian, Rosmarin, Salbei und Lavendel zählen. Aufgrund der Nutzung unterscheiden wir etwa Küchen-, Gewürz-, Duft- und Heilkräuter, wobei es auch hier zahlreiche Überschneidungen gibt. Und für sie alle gilt: Die Dosis macht das Gift. Petersilie in großen Mengen kann für Schwangere problematisch sein, und die harmlos wirkende Minze ist beispielsweise für Babys und Kleinkinder bedenklich.
Verschiedenste Pflanzenteile können genutzt werden: Meist sind es Blätter und Sprosse, oft aber auch Blüten oder, wie etwa bei Angelika, Baldrian oder Eibisch, die Wurzeln. Die Ernte erfolgt im Idealfall zu einem Zeitpunkt, der ein Maximum an Inhaltsstoffen verspricht:

- bei Wurzeln in der kalten Jahreszeit, wenn die Kräuter oberirdisch einziehen und ihre Kräfte unter dem Boden konzentrieren,
- bei Blüten naturgemäß, wenn sie gerade aufgeblüht sind,
- bei Blättern und Trieben, bevor die Kräuter in die Blüten- und Samenproduktion investieren.

Mehr dazu erfährst du im Abschnitt Ernten, Lagern und Konservieren (siehe Seite 118).

Kräuter anbauen

Gärtnerisch unterscheiden wir zwischen einjährigen Kräutern, z. B. Dill, Kerbel, Koriander, zweijährigen Kräutern, wie Petersilie und Kümmel, und ausdauernden Kräutern, z. B. Rosmarin, Schnittlauch, Liebstöckel und Minze. In den Kräuterlisten dieses Kapitels werden sie entsprechend in Gruppen zusammengefasst. Die Ein- und Zweijährigen werden angesät, die Ausdauernden gern auch über Stecklinge oder Teilung vermehrt (ab Seite 87). Aber nicht alle Kräuter sind hinsichtlich ihrer Lebensdauer eindeutig: Von Basilikum, Bohnenkraut, Fenchel und Rucola gibt es ein- und mehrjährige Arten. Schnittsellerie ist einjährig bis ausdauernd. Und der Echte Majoran wird bei uns einjährig kultiviert, obwohl er in milden Gebieten überwintert. Die Ansprüche der Kräuter an den Standort

Bereit zum setzen: in Töpfen vorgezogene Pflänzchen mit gut durchwurzelten Erdballen.

Eine Markierung gleich bei der Aussaat zeigt an, wo welche Sorte steht.

Gut zu wissen

Petersilie ermüdet den Boden und sollte jedes Jahr auf einen neuen Platz gesät werden. Sie überdauert als zweijährige Kultur den Winter und blüht im zweiten Jahr, um dann mit der Samenproduktion in der Regel zu verdorren und zu vergehen.
Die ausbreitungsfreudige Minze macht sich gut in einem großen Topf, oder du umgibst sie mit einem halb vergrabenen Ring oder bodenlosen Topf, über den sie im Beet nicht hinauswachsen kann. So kannst du ihre Wuchsfreudigkeit eindämmen.

sind unterschiedlich. Bis auf ein paar wenige lieben sie die Sonne und sind ansonsten eher anspruchslos. Wir haben schon magere Kräuterrasen erlebt, in denen sich Oregano, der aus dem Kräuterbeet ausgebüxt war, zu einem dichten Bestand entwickelt hat. Beim Rasenmähen ist man dann von einer duftenden Aromawolke umgeben.

Ansprüche am Beispiel Kräuterspirale

Zur Nährstoff- und Wasserversorgung gibt die Zonierung der beliebten Kräuterspirale Aufschluss: Je weiter unten die Kräuter in der Spirale stehen, desto besser versorgt wollen sie sein: Kalmus, auch Deutscher Ingwer genannt, und Fieberklee sind ganz und gar im Wasser, am sumpfigen Teichrand, zu Hause. Ganz unten in die Gartenerde kommen feuchtigkeitsliebende Kräuter, wie die Wildkräuter Brunnenkresse, Winterkresse und verschiedene Minzearten. Nach oben hin folgen beispielsweise Borretsch, Melisse und Sauerampfer, die frische Standorte mögen. Basilikum hat seinen großen Auftritt ab Mai, es gedeiht auf frischen Böden in voller Sonne. Beim Liebstöckel ist Vorsicht geboten. Es braucht ausreichend Platz (0,5 m² pro Pflanze) und wird über 1,5 m hoch! Weil es wachstumshemmende Stoffe abgibt, steht es am besten allein.
In der Mitte, wo der humose Boden mit ein wenig Sand abgemischt wurde, fühlen sich Kräuter für normalen Gartenboden wohl, wie Bohnenkraut, Estragon, Dill und Schnittlauch. Ysop verträgt es noch etwas trockener. Die Hunger- und Durstkünstler – meist schon erkennbar an silbrig behaarten oder auch schmäleren, nicht ganz so saftig weichen Blättern – werden auf der Spitze eines Kieskegels in der Kräuterspirale platziert, wo das Wasser schnell nach unten verschwindet, denn genau das ist für sie vor allem im Winter überlebensnotwendig. Obwohl sie es grundsätzlich warm mögen, ist es selten die Kälte, die Lavendel, Majoran, Griechischen Oregano, Rosmarin, Salbei oder Thymian den Garaus macht, sondern die Winterfeuchtigkeit und zu nährstoffreicher Boden.

Basilikum in Grün und tiefem Dunkelrot

Mediterranes Beet mit Salbei und Lavendel.

Gut zu wissen

Der Begriff „frisch“ meint Böden, die einen ausgeglichenen Luft- und Wasserhaushalt haben. Sie trocknen nicht ganz aus und bleiben aufgrund ihrer Durchlässigkeit auch nach Niederschlägen nicht nass.

Ein- und zweijährige Gewürzklassiker

In den meisten Fällen werden die jungen Blätter in der Küche verwendet, von Anis und Kümmel die Samen, von Fenchel, Koriander und Senf Blätter und Samen. Die zweijährigen Klassiker Petersilie (*Petroselinum crispum*) und Kümmel (*Carum carvi*) stammen beide aus dem Mittelmeerraum

© A. Haiden

Samenkapseln von Jungfer im Grünen.

und lieben tiefgründige, nährstoffreiche, frische Lehmböden.
Die Kultur des einjährigen Kreuzkümmels (*Cuminum cyminum*) sowie von Anis und Schwarzkümmel (*Nigella sativa*) ist nur an warmen, windgeschützten Plätzen anzuraten. Vorgezogene Pflanzen dürfen erst nach den Eisheiligen ins Freie. Das Gewürz Schwarzkümmel ist übrigens nicht identisch mit der hübschen Jungfer im Grünen (*Nigella damascena*), einer anspruchslosen, einjährigen Bauerngartenpflanze für volle Sonne.
In der folgenden Liste findest du einjährige klassische Kräuter.

NATUR im GARTEN Tipp

Ungewöhnlichere Genüsse

- **Wird der Winterportulak im Herbst ausgesät, zeigt er im zeitigen Frühling seine geblümten Tellerblätter, als nussige Beigabe zum Feldsalat.**
- **Die Salatchrysantheme kann in Salatreihen zwischengepflanzt oder angesät werden. Sobald sie blüht, schmeckt sie bitter. Deshalb werden ihre Triebspitzen am besten regelmäßig gekappt.**

EINJÄHRIGE KLASSISCHE KRÄUTER

Name	Herkunft	Ansprüche
Anis (*Pimpinella anisum*)	Mittelmeerraum	Viel Sonne und Wärme, durchlässiger Gartenboden
Basilikum (*Ocimum basilicum*)	Tropen: Afrika, Asien, nicht winterhart	Sonnig-licht bis halbschattig, locker-humos, frisch
Bohnenkraut 1-jährig (*Satureja hortensis*)	Südliches Europa	Durchlässig, mager, trocken, sonnig
Borretsch, Gurkenkraut (*Borago officinalis*)	Mittelmeerraum	Brachflächen, anspruchslos, sonnig
Dill (*Anethum graveolens*)	Vorderasien	Durchlässig, frisch, mäßig nährstoffreich, sonnig
Fenchel (Gewürz-) (*Foeniculum vulgare*)	Südeuropa bis Nordafrika und Westasien	Tiefgründig, frisch, mäßig nährstoffreich, sonnig
Kerbel (*Anthriscus cerefolium*)	Eurasien und Afrika	Humus- und nährstoffreich, frisch bis trocken, halbschattig
Koriander (*Coriandrum sativum*)	Vorderasien	Frisch, humus- und nährstoffreich, sonnig
Kresse/Gartenkresse (*Lepidium sativum*)	Vermutlich West- oder Zentralasien	Sonnig bis halbschattig, frisch
Schnittsellerie (*Apium graveolens* var. *secalinum*)	Gemäßigte Nordhalbkugel/Mittelmeerküste	Salzhaltige, feuchte Böden, nährstoffreich
Indischer/Chinesischer Senf (*Brassica juncea*)	Asien, aber weithin eingebürgert	Vollsonnig bis halbschattig, nicht zu heiß
Senfkohl (*Brassica nigra*)	Mittelmeerraum	Sonne, Stromtalpflanze
Gelbsenf (*Sinapis alba*)	Mittelmeerraum	Vollsonnig bis halbschattig, humos, kalkhaltig

Als einjährige Leckerbissen für den Salat sind folgende Kräuter empfehlenswert:

EINJÄHRIGE KRÄUTER

Name	Herkunft	Ansprüche
Portulak, Sommer- (*Portulaca oleracea*)	Afrika und Kleinasien	Lockere Sand- oder Lehmböden, milde Regionen
Portulak, Winter-, Tellerkraut (*Claytonia perfoliata*)	Westen Nordamerikas	Keimt unter 12 °C, sonnig bis halbschattig, frisch, durchlässig
Rucola/Garten-Senfrauke (*Eruca vesicaria* subsp. *sativa*)	Mittelmeerraum	Nährstoffreiche Sand- oder Lehmböden
Salatchrysantheme, Kronenwucherblume (*Glebionis coronaria*)	Mittelmeerraum bis Pakistan	Normale Gartenerde, Sonne

AUSDAUERNDE SALAT- UND WÜRZKRÄUTER

Name	Herkunft	Ansprüche
Ausdauernder Rucola, Schmalblatt-Doppelsame (*Diplotaxis tenuifolia*)	Mittelmeerraum	Eher magerer, sandig lockerer Boden
Schildampfer (*Rumex scutatus*)	Südeuropa bis Kleinasien	Schuttfluren, Geröllhalden, kalkig
Schnittknoblauch, Knoblauch (*Allium tuberosum*)	China, Provinz Shanxi	Humus-, nährstoffreich, frisch, sonnig
Winterheckenzwiebel (*Allium fistulosum*)	Ursprung im Orient, früher Anbau in China	Guter Gartenboden

Die Minzen

Von der Minze gibt es viele Arten, auch heimische Wildkräuter sind darunter zu finden. Alle Arten und Sorten mögen nährstoffreiche, feuchte Böden in sonniger bis halbschattiger Lage, sind aber grundsätzlich anpassungsfähig. Die Pflanzen erneuern sich und breiten sich aus durch flach auf oder in der Erde verlaufende Ausläufer. Auf der Nordhalbkugel, von Europa bis Asien, ist die Grüne oder Krause Minze, auch Spearmint genannt (*Mentha* x *spicata*), mit einigen Varianten besonders beliebt:

- Marokkanische Minze (*Mentha* x *spicata* 'Marokko') aus Nordafrika
- Nane oder Nana-Minze (*Mentha* x *spicata* var. *crispa* 'Nane') aus Vorderasien
- Persische Minze (*Mentha* x *spicata* var. Crispa) aus Vorderasien

Die mentholreiche Pfefferminze (*Mentha* x *piperita*) schmeckt etwas schärfer. Ihre halbhoch wachsende Zuchtvariante (*Mentha* x *piperita* var. *piperita* 'Nana') wird verwirrender Weise auch Nana-Minze genannt. Ob nun Nane oder Nana: Alle Minzen haben ein erfrischendes Aroma und sind vielfach verwendbar, bei Kleinkindern allerdings mit Vorsicht zu verwenden. Unbedenklich wäre hier die mildere, weich silbrig behaarte Apfelminze (*Mentha suaveolens*, syn. *Mentha rotundifolia*).

Verschiedene Sorten Minze.

KRÄUTER FÜR FRISCHE BÖDEN

Name	Herkunft	Ansprüche
Estragon, Russischer (*Artemisia dracunculus* var. *inodora*)	Osteuropa, Asien und Nordamerika	Sonnig bis halbschattig, gute Gartenerde, bis –10 °C, robust
Estragon, Französischer/Deutscher (*Artemisia dracunculus* var. *sativa*)	Osteuropa, Asien und Nordamerika	Frostempfindlich, würziger als Russischer Estragon, aber nur vegetativ vermehrbar
Liebstöckel/Maggikraut (*Levisticum officinale*)	Vermutlich Persien	Sonnig, normaler Gartenboden, wird 1,5 m hoch
Schnittlauch (*Allium schoenoprasum*)	Mittlere Breiten bis subarktisch	Humus- und nährstoffreich, frisch bis trocken, sonnig
Zitronenmelisse (*Melissa officinalis*)	Östlicher Mittelmeerraum bis Pakistan	Nährstoff- und humusreich, warm, frisch bis trocken, lehmig-sandig

Mediterrane Klein- und Zwergsträucher

Die anspruchslosen Kräuter aus dem Mittelmeerraum bis Vorderasien mögen sonnig-trockene Standorte mit durchlässigem, magerem Boden. Sie sind für Bauern-, Duft- und Aromagärten besonders interessant, wo sie Zwerg- bis Halbsträucher bilden. Bis auf die höherwüchsige Eber- und Weinraute können sie bei regelmäßigem Schnitt auch Gemüsebeete aromatisch kompakt umrahmen.

- Mehrjähriges Berg- oder Winterbohnenkraut (*Satureja montana*), Majoran (*Origanum majorana*), der aromatische Griechische Oregano (*Origanum vulgare* subsp. *hirtum*), Rosmarin (*Rosmarinus officinalis*), Echter Salbei (*Salvia officinalis*) und Echter Thymian (*Thymus vulgaris*) sind die Würzklassiker für Pizza & Co. Zitronenthymian ist als Hybridpflanze seit 1596 in Kultur.
- Ysop (*Hyssopus officinalis*) harmoniert besonders gut mit dem aromatischen Liebstöckel.
- Currystrauch oder Italienische Strohblume (*Helichrysum italicum*), Graues Heiligenkraut (*Santolina chamaecyparis*) und Lavendel (*Lavandula officinalis*) punkten mit ihrem Duft.
- Zweige und Blätter der Halbsträucher Eberraute oder Colastrauch (*Artemisia abrotanum*), Echter Wermut (*Artemisia absinthium*) und Weinraute (*Ruta graveolens*) werden gern zur Aromatisierung von Wein und anderen Getränken verwendet.

Winterharte Blüten-Highlights

Hier ein paar Empfehlungen für durchlässige, trockene Böden in sonniger Lage, z. B. auf Terrassenböschungen, in sonnigen Heckensäumen oder bunten Staudenbeeten:

- Ein sommerlicher Dauerblüher, den nicht nur Bienen lieben, ist der Anis-Ysop (Agastache). Die bis zu 80 cm hohe Staude macht sich an sonnigen Ecken bis im Halbschatten sehr schön und samt sich auch reichlich selbst aus. Das ist gut so, denn obwohl sie ausdauernd ist, neigt sie manchmal zur Kurzlebigkeit. Ihr bekömmlicher Tee schmeckt fein nach Anis.
- Mit 40–60 cm etwas zierlicher sind der Heil-Ziest, auch Zahnkraut oder Echte Betonie genannt (*Stachys officinalis*), und der Steinquendel, auch Bergminze genannt (*Calamintha nepeta*). Die Blüten des Heil-Ziests erinnern an die des Anis-Ysop, die der Bergminze an Thymian. Bergminze kommt auch mit Halbschatten noch gut zurecht.
- Über 1 m hoch werden die Kamm-Minze oder Chinesischer Gewürzstrauch (*Elsholtzia stauntonii*) und der Muskatellersalbei (*Salvia sclarea*) – Letzterer zweijährig bis ausdauernd.

Drei Kräuter für etwas feuchtere Böden

- Die Süßdolde (*Myrrhis odorata*) mit ihrem angenehm süßen Lakritzaroma kommt auf sonnigen bis halbschattigen Standorten gut zurecht.
- Der Knollenziest (*Monarda didyma*) gedeiht noch im Halbschatten und liefert herrlich süße Wurzelknöllchen, braucht aber beim Heranwachsen einen Schneckenschutz.
- Die Goldmelisse (*Monarda didyma*) hat nicht nur wunderschöne farbstarke Blüten in Rottönen, ihre jungen Triebe und Blätter ergeben auch einen schmackhaften Tee.

Gehölze mit würzigen Samenhüllen

- Szechuanpfeffer (*Zanthoxylum piperitum*) ist anspruchslos. Der bis 4 m hohe Strauch gedeiht in Sonne und Halbschatten. Er entfaltet sich beispielsweise im Gulasch mit asiatischer Note.
- Bis 5 m hoch klettert Schisandra (*Schisandra chinensis*), die durchlässige, nährstoffreiche Böden bevorzugt und eine Rankhilfe benötigt. Wu Wei Zi bedeutet so viel wie fünf Geschmäcker: Schisandra ist gleichzeitig süß, sauer, salzig, bitter und auch scharf. Getrocknet als Beigabe zu Käseplatten eine interessante Ergänzung.
- Beim Lorbeer werden die Blätter verwendet. Er steckt zwar Minusgrade ein, ist aber bei uns nicht ganz winterhart.

Nicht winterharte Kräuter

Die aus den Tropen bis Subtropen zu uns gelangten Kräuter mögen es warm, windgeschützt und relativ luftfeucht. Im lauwarmen Wintergarten oder wenn sie in der kalten Jahreszeit in einen kühlen, hellen Wohnraum geholt werden, überdauern sie auch. Im nächsten Jahr mit frischer Erde und über die Saison zweiwöchentlich mit organischem Flüssigdünger versorgt, laufen sie zu neuer Hochform auf.

- Die Parakresse, Jambu oder Prickelknopf (*Acmella oleracea*), ein Gewürz- und Blattgemüse aus Südamerika mit leicht prickelnd-betäubendem Effekt auf den Lippen, hat geringe Ansprüche an den Boden.
- Von Ingwer und Kurkuma werden die Wurzelrhizome verwendet, vom Kardamom und Chili die Samen und ihre Hülle.
- Ingwer, Kurkuma und Kardamom wachsen in ihrer Heimat als imposanter krautiger Unterwuchs mit knalligen Blüten im lichten Schatten großer Bäume. In großen Töpfen im Innenraum schätzen sie von April bis Oktober einen hellen, warmen, luftfeuchten Platz mit über 16 °C, aber keine pralle Sonne, vor allem nicht über die Mittagszeit. Sie brauchen in der Wachstumszeit feuchten Boden ohne stauende Nässe; am besten regelmäßig mit kalkfreiem Regenwasser gießen und auch auf die Blätter sprühen.
- Strauchbasilikum ist ein Bienenmagnet und als Gewürz unwiderstehlich, vor allem die getrockneten Blüten. Bis etwa 5 °C hält es gerade noch draußen aus, dann verbringt es den Winter am besten in einem möglichst kühlen, hellen Wohnraum. Im Frühling wird das Strauchbasilikum zurückgeschnitten, dabei ergibt sich viel Material für die Stecklingsvermehrung (siehe Seite 88).

IN EUROPA NICHT WINTERHART - INDOOR ZU ÜBERWINTERN

Name	Herkunft	Ansprüche
Stevia, Süßkraut (*Stevia rebaudiana* syn. *Eupatorium rebaudianum*)	Paraguay	Mind. 18 °C, sonnig bis halbschattig, lehmig-sandig
Strauchbasilikum (*Ocimum basilicum*)	Tropisches Afrika und Asien	Warm, sonnig, humusreich, sandig
Zitronengras (*Cymbopogon citratus*)	Südostasien, Südindien	20–30 °C, sandige Böden, sonnig
Zitronenverbene, Verveine, Luiserl (*Aloysia citrodora*)	Südamerika	Warm, sonnig, geschützt

Strauchbasilikum 'Magic Blue'. © Shutterstock/Kabar

Löwenzahn. © D. Tuechler

Bärlauch. © Natur im Garten/A. Haiden

Wildkräuter – aus Wald und Wiese auf den Tisch

Wildkräuter wachsen im Wald, auf der Wiese, in Schatten oder Sonne, im Tal und in der Höhe, vom frühesten Frühjahr bis weit in den Herbst hinein, selbst wenn im Gemüsegarten wenig los ist. Und auch im Garten gedeiht allerlei edles und schmackhaftes Wildkraut, das manchmal als lästiges Unkraut abgetan wird. Vielleicht hast du Lust, diese leicht verfügbaren Kräuter zu entdecken, die meist reich an Nährstoffen und Vitaminen sind und vielseitig verwendet werden können.
Wildkräuter solltest du achtsam sammeln, damit der Bestand erhalten bleibt. Werden nur Pflanzenteile wie die Blüten oder Triebspitzen abgezwickt und bleiben die Wurzeln und ca. die Hälfte der Blattmasse erhalten, so kann die Pflanze weiterwachsen. Ernte außerdem nur, was du auch wirklich kennst.

Löwenzahn (*Taraxum officinale*): Pflücke nur junge Blätter und mische sie mit geraspelten Karotten und gehackten Walnüssen mit einer feinen Marinade nach der alten Salatregel: „Nimm Salz wie ein Geizhals, Essig wie ein Weiser, gutes Öl wie ein Verschwender und mische alles wie ein Narr!" Als hübsche Verzierung eignen sich frische Blüten von Gänseblümchen, Gundelrebe und Veilchen.

Bärlauch (*Allium ursinum*) kommt in feuchten und nährstoffreichen Au- und Laubwäldern und – seltener – in Gärten vor. Zeitig im Frühjahr zeigen sich die ersten Triebe, die sich im Spätfrühling wieder vollkommen in die Erde zurückziehen. Er ist bekannt für seine Knoblauchnote und entgiftenden Eigenschaften. Besonders schmackhaft sind die frischen Jungblätter, die Blütenknospen und die Blüten. Bärlauch kann wunderbar in Salaten, Suppen, herzhaften Gerichten, als Brotbelag oder zu einem Pesto verarbeitet werden. Um die Wildbestände zu schonen, ist es möglich, einige Zwiebeln im eigenen Garten an einem standortgerechten Platz anzupflanzen.

Brennnessel (*Urtica*): Die jungen Blätter und Triebspitzen sind ein nährstoffreiches Wildgemüse. Sie können roh, gedünstet oder gekocht genossen und in allerlei Speisen verarbeitet werden. Getrocknet lassen sich Brennnesselblätter zu einem wertvollen Tee zubereiten. Auch die vielen kleinen Samen der Brennnessel sind sehr nahrhaft und können Gerichte als sogenannter „Brennnesselpfeffer" verfeinern. Bedeutsam ist die Brennnessel auch in der ökologischen Gartenpflege: In Form einer Jauche oder eines Suds kann sie bei der Schädlingsabwehr bzw. zur Pflanzenstärkung eingesetzt werden.

Gänseblümchen (*Bellis perennis*): Im Rasen zeigt das Gänseblümchen oder Tausendschön mageren Boden an. Als hübscher Blumenkranz dient es nicht nur Kinderköpfen als Zierde, sondern kann sich auch auf dem Teller sehen lassen. Die jungen Blütenköpfe und die frischen Blätter haben ein feines, nussiges Aroma und passen hervorragend in Salate, Suppen, aufs Brot und zu weiteren Gerichten. Dafür werden vorzugsweise die halboffenen Blüten und Jungblätter gesammelt, da ältere Blütenköpfe und Blätter ein herbes Aroma entwickeln und zäh werden.

Giersch (*Aegopodium podagraria*) gehört zur Familie der Doldengewächse. Zerreibt man die Blätter zwischen den Händen, entfaltet sich sein möhren- und petersilienartiges Aroma. Giersch ist ein sehr häufiger Gast im Garten auf nährstoffreichem Boden und erscheint zeitig im Frühjahr. Am Besten schmecken die zarten Jungblätter frisch als Brotauflage, in Suppen oder Salaten, aber auch gekocht als „Spinat" in allerlei Gerichten. Durch eine regelmäßige Ernte junger Triebe kann man ihn auch in Zaum halten und verhindern, dass er weitläufig durch den Garten wandert. Sein Stängel ist dreikantig (im Querschnitt gut sichtbar) und auch das Blatt besteht aus drei dreigeteilten Hauptblättern, wodurch er sich klar bestimmen lässt. Diese drei Merkmale zu beachten ist sehr wichtig, um nicht an den falschen Verwandten zu geraten.

Gundermann (*Glechoma hederacea*) ist auch als Gundelrebe bekannt und wächst gerne im Halbschatten. Wir schätzen ihn als zierliches Rasenkraut, weil die niedrig wachsende, kriechende Wildpflanze sehr robust, widerstandsfähig und essbar ist. Die zarten lila Blüten sind eine hübsche Dekoration für Salate, Getränke oder Süßspeisen. Die jungen Blätter und Triebe hingegen haben ein starkes Aroma und können Gemüsegerichten, Salaten, Aufstrichen oder Suppen beigefügt werden. Die Blätter des Gundermann sollten zeitig im Frühjahr gesammelt werden, da sie mit zunehmendem Alter für einen kratzigen Nachgeschmack sorgen können.

Schafgarbe (*Achillea millefolium*): Die Jungblätter entfalten beim Zerreiben ein würziges Aroma und verfeinern insbesondere im Frühjahr Salate, Aufstriche, Suppen und Gemüsegerichte. Sie können roh oder gekocht genossen werden und haben aufgrund ihrer Bitterstoffe auch eine positive Wirkung auf die Gesundheit. Aufgrund ihres starken Geschmacks eignen sich die Blätter der Schafgarbe auch zum Aromatisieren von Essig und Öl. Die Blüten werden getrocknet als Tee verwendet oder auch frisch zu Sirup verarbeitet.

Vogelmiere (*Stellaria media*): Aus dem Nichts taucht die nährstoffliebende Pflanze an unterschiedlichen Plätzen auf, sogar in abgepacktem Rucolasalat aus dem Supermarkt ist sie mitunter zu finden. Das Wildkraut hat einen hohen Gehalt an Vitamin C, Eisen und Kalium. Ihr mild-nussiges Aroma erinnert an Spinat bzw. an

Erbsen; die Blüten sind sternförmig und weiß. Die Vogelmiere kann das ganze Jahr über geerntet und roh oder gekocht zu Salaten, Suppen, Aufstrichen oder Eintöpfen gegeben werden. Während die einjährige Kamille eine eigene Beetfläche erhält, können Barbarakraut, Hirtentäschel und Knoblauchrauke an verschiedenen Stellen im Garten einwandern, z. B. am Weg- oder Gehölzrand oder in der Wiese.

Brennnessel. © Natur im Garten/B. Schrattenholzer

Gänseblümchen. © Shutterstock/Artem Stepanov

Giersch. © Shutterstock/Animaflora PicsStock

Schafgarbe mit Eichblatt-Radspinne. © M. Pardeller

Gundermann. © D. Tüchler

Vogelmiere in einer Mauerritze. © M. Beneš-Oeller

AUSDAUERNDE HEIMISCHE WILDKRÄUTER

Name	Verwendung	Ansprüche, Standort
Angelika, Engelwurz (*Angelica archangelica*)	Heilkraut, Aromakraut, Stängel kandiert	Sonnig bis halbschattig, frischer bis feuchter Boden, Gewässerränder
Baldrian (*Valeriana officinalis*)	Heilkraut, Wurzeln	Sumpfig, feucht, sonnig
Beinwell (*Symphytum*)	Heilkraut, leicht giftig!	Humusreicher, frischer Boden, halbschattig
Bibernelle, Kleiner Wiesenknopf (*Sanguisorba minor*)	Salatkraut	Trockene, magere, sonnige Wiesen und Wegränder
Brennnessel (*Urtica dioica*)	Wildgemüse	Stickstoffzeiger, anspruchslos
Brunnenkresse (*Nasturtium officinale*)	Würzkraut	Feuchter Boden, an Bächen und Teichen, sonnig bis halbschattig
Echter Eibisch (*Althaea officinalis*)	Heilkraut	Frisch-feuchter Boden, salzverträglich
Frauenmantel (*Alchemilla*)	Heilkraut	Humoser Boden, sonnig bis halbschattig
Gänseblümchen, Maßliebchen (*Bellis perennis*)	Salatkraut, essbare Blüten	Zeiger für Bodenverdichtungen und mageren Boden, sonnig bis halbschattig
Giersch, Erdholler (*Aegopodium podagraria*)	Würz- und Salatkraut	Stickstoffliebend, in schattig-feuchten Gebüschen
Gundelrebe, Gundermann (*Glechoma hederacea*)	Würzkraut	Stickstoffliebend, verträgt Schatten
Herzgespann (*Leonurus cardiaca*)	Zierkraut, Heilkraut	Stickstoffreiche, frische, humose Lehmböden, in Dörfern, an Zäunen
Hopfen (*Humulus lupulus*)	Triebspitzen als Wildgemüse	Stickstoffliebend, bodenfeucht
Huflattich (*Tussilago farfara*)	Heilkraut	Anspruchslos, Pionier auf Rohböden
Johanniskraut (*Hypericum perforatum*)	Heilkraut, Blüten	Sonnig
Löwenzahn (*Taraxacum*)	Würz- und Salatkraut	Anspruchslos
Mädesüß (*Filipendula ulmaria*)	Essbare Blüten	Feucht, sonnig bis halbschattig
Oregano, Dost (*Origanum vulgare*)	Würzkraut	Kalkhaltige Böden, warm und sonnig
Schafgarbe (*Achillea millefolia*)	Salat- und Heilkraut	Anspruchslos, sonnig
Scharbockskraut (*Ficaria verna*)	Salatkraut – vor der Blüte ernten	Frühlingspflanze, frisch bis schattig
Schlüsselblume (*Primula veris*)	Salatkraut	Kalkliebend, Halbtrockenrasen, sonnig bis halbschattig
Spitzwegerich (*Plantago lanceolata*)	Heil- und Salatkraut	Wächst auf Fettwiesen, Wegen
Thymian, Breitblättriger, Quendel (*Thymus pulegioides*)	Würzkraut	Magere, trockene, kalkarme Rohböden, sonnig
Thymian, Sand- (*Thymus serpyllum*)	Würzkraut	Sandig, trocken, sonnig, kalkarm
Waldmeister (*Galium odoratum*)	Würzkraut, Aromakraut	Wächst in Wäldern auf Kalk, halbschattig
Wermut (*Artemisia absinthium*)	Heilkraut	Trockene, sandig-tonige Böden, sonnig

EIN- UND ZWEIJÄHRIGE WILDKRÄUTER		
Name	Verwendung	Ansprüche, Standort
Barbarakraut, Winterkresse (*Barbarea vulgaris*)	Würz- und Salatkraut	Stickstoffliebend, Wegränder, Äcker, Gewässerrand
Hirtentäschel (*Capsella bursa-pastoris*)	Würz- und Salatkraut	Stickstoff- und lichtliebend, Rasen, Wiese, Gehölzrand
Kamille (*Matricaria chamomilla*)	Heilkraut, Tee	Sandige Lehmböden, sonnig
Knoblauchsrauke (*Alliaria petiolata*)	Würz- und Salatkraut	Stickstoffzeiger, Halbschatten, am Gehölzrand
Königskerze (*Verbascum*)	Heilkraut, Blüten	Trockener, magerer Standort, sonnig

Heilkräuter –

ein Interview mit Monika Vesely vom KräuterKraftWerk

Wie bist du zur Heilkräuterkunde gekommen?

Mein ganzes Leben lang umgeben von einem großen Garten, waren es am Anfang einfache Erfahrungen im Gemüseanbau. Neben den klassischen Küchenkräutern wuchs mein Interesse an traditionellen Anwendungen mit Heilkräutern. Welche Pflanzenwirkstoffe enthalten sind, wie ich diese herauskitzeln und in einfachen Anwendungen unterstützend einsetzen kann, lernte ich in der Ausbildung zur Pflanzenheilkunde-Praktikerin.

Welche Heilkräuter empfiehlst du Neulingen auf dem Gebiet der Selbstversorgung?

Gerade Heilkräuter sind sehr genügsame Pflanzen, deren Inhaltsstoffe nachweislich sogar etwas abnehmen, sollte es ihnen an ihrem Standort zu „gut" gehen. Viele samen von allein aus und sind zudem beliebte Bie-

Monika Vesely vom KräuterKraftWerk.

© KräuterKraftWerk

nenweiden, ganz zu schweigen von den Wildkräutern, die in der ungedüngten Wiese vor dem Haus wachsen.
Die „Suppenwiese" bietet mit Spitzwegerich, Löwenzahn, Gänseblümchen, Schafgarbe und vielen mehr eine schmackhafte wilde Würze. Wilde Kräuter enthalten zudem sogar mehr Vitamine und Mineralstoffe als kultiviertes Gemüse, allen voran Brennnessel und Vogelmiere (Calcium, Eisen, Vitamin C). Beide sind beinahe „unkaputtbar", Brennnesseln sind außerdem anerkannte Heilpflanzen und fixer Bestandteil des Europäischen Arzneibuchs.
Sehr viele Heilkräuter sind einfach zu kultivieren. Zur Versorgung für die eigene Familie reichen kleine Mengen aus. Zur Aufbewahrung ist eine gute Trocknung unerlässlich. Für Anfänger bestens geeignet sind Klassiker wie Salbei. Ein großes Marmeladenglas, befüllt mit getrockneten Blättern als Wintervorrat, reicht vollkommen und seine Wirkstoffe unterstützen uns bei Halsweh und in der Erkältungszeit. „Wer Salbei baut, den Tod nicht schaut!", sagt ein altes Sprichwort. Salbei darf in keinem Garten fehlen – ob als Küchengewürz, bei Zahnfleischentzündung oder als Tee zum Gurgeln bei Halsweh. Regelmäßiger Rückschnitt fördert sein Wachstum und verhindert ein zu starkes Verholzen. Gern wächst er allein; ich würde ihm den Raum geben, den er braucht. Genau diese Eigenschaft macht Salbei auch zu einer beliebten Räucherpflanze. Weitere leicht zu kultivierende Heilkräuter sind Melisse, Lavendel, Thymian, Quendel, Dost und Frauenmantel.

Welche Klassiker oder „Allheilkräuter" sollten in keinem Garten fehlen?

Als Umrandung und undurchdringbare Hecke eignet sich der Hagedorn, bei uns besser bekannt als Weißdorn. Seine Blütenstände sind getrocknet Herzmittel Numero uno und unterstützen unser Herz in allen Lebenslagen. Holunder liebt die Nähe zu Haus und Hof, und sowohl seine Blüten als auch Früchte (gekocht!) helfen unserem Immunsystem auf die Beine. Die Ringelblume erhellt mit ihren Blüten unser Gemüt und füllt so manche Lücke sowohl im Blumen- als auch im Gemüsebeet. In früheren Bauerngärten war sie fixer Begleiter neben zahlreichen Gemüsepflanzen. Ihre Pfahlwurzel lockert den Boden und eine klassische wundheilende Ringelblumensalbe lässt sich leicht herstellen. Calendula verstärkt die Fibrinbildung und führt zu rascher Wundheilung.
Muskatellersalbei ist zwar kein Allheilkraut, jedoch eine imposante stattliche Pflanze, deren ätherisches Öl stimmungsaufhellend wirkt und Holzbienen magisch anlockt.
Oft vergessen, jedoch unglaublich wirksam ist die Schafgarbe. Ihre sanften Bitterstoffe fördern unsere Verdauung und ihr ätherisches Öl unterstützt die Wundheilung. Gegen Juckreiz und Schwellungen bei Insektenstichen hilft Spitzwegerich-Presssaft, der Aucubin enthält, und das hat eine sogenannte phytobiotische Wirkung. Ein Hustensaft aus Spitzwegerich für Kinder und Erwachsene hilft in der Erkältungszeit.

Wie kann man Heilkräuter am besten anbauen und pflegen für eine reiche Ernte?

Die meisten Wildkräuter kommen von allein oder sind Bestandteil von hochwertigen Wildblumenmischungen. Lediglich der Kamille würde ich einen eigenen, trockenen, wasserdurchlässigen Platz im Garten widmen. Einmal angesiedelt wird sie diesen mit ihrem kräftigen Wuchs völlig vereinnahmen.

Welche Vorsichtsmaßnahmen muss man bei Heil- und Wildkräutern beachten?

*Generell gilt: Was ich nicht eindeutig kenne, nehme ich nicht. Eine eindeutige Bestimmung ist unerlässlich. „Allein die Dosis macht, dass ein Ding kein Gift sei", besser bekannt als „Die Dosis macht das Gift." Welche Pflanzenwirkstoffe wo enthalten sind und wie man sie zu einfachen anwendbaren unterstützenden Hausmitteln verarbeiten kann, wird sowohl in zahlreichen Fachbüchern als auch in unseren Workshops und Lehrgängen des Europäischen Instituts für angewandte Pflanzenheilkunde (**www.eiap.eu**) vermittelt.*

© M. Pardeller

Ringelblumenblütenblätter in Olivenöl.

Rezept RINGELBLUMENSALBE

1–2 EL getrocknete Ringelblumenblüten
50 g Olivenöl (bio)
6 g Bienenwachs (bio)

1. Getrocknete Ringelblumen in Olivenöl bei maximal 60 °C mindestens eine Stunde lang ausziehen. Mit dem Pürierstab pürieren, dann durch einen Teefilter oder ein Filtertuch filtrieren.
2. Bienenwachs zugeben und das Mazerat auf 65 °C erwärmen.
3. In kleine Salbentiegel abfüllen und auskühlen lassen.

Im Blütenkelch und in den Röhrenblüten sind mehr ätherische Öle und Harze enthalten als in den Zungenblättern (orange). Es lohnt sich, die ganzen „Kopferl" zu sammeln.

Rezept HUSTENSIRUP „BRONCHIEX"

200 g Spitzwegerichblätter
50 g Thymianblätter
(für Kinder ersatzweise Quendel!)
Etwas Weißwein und Korn
300 g Honig
250 g Rohrohrzucker

Lindert Reizhusten. Bei Bedarf löffelweise einnehmen.

© Shutterstock/M. Steinbach

1. Frische Kräuter grob hacken und mit einem Schuss Weißwein im Mixer zerkleinern.
2. 5 EL abgeseihte Kräutermischung beiseitestellen.
3. Honig mit Zucker sanft erwärmen, restliche Kräutermischung beimengen und unter ständigem Rühren zehn Minuten leicht köcheln lassen. Dann abseihen und heiß in kleine Gläser füllen. Mit ein paar Tropfen Korn ergänzen.
4. Sofort verschließen und kühl lagern.

Quendel. © Shutterstock/M. Ruckszio

Thymianblätter. © Shutterstock/E. Oksana

Essbare Blüten

Blumen lassen mit ihrer Farben-, Formen- und Duftvielfalt nicht nur unsere Gärten erstrahlen. Ihre Aromen bezaubern mitunter auch den Gaumen. Borretsch, Ringelblume, Kapuzinerkresse, Kornblume, Malve, Salbei, Schnittlauch, Taglilie und Veilchen sind die Blütenlieblinge. Allesamt sind robust und kommen mit normalem Gartenboden von frisch bis trocken gut zurecht. Nur Salbei braucht es je nach Art trockener, vor allem im Winter.

© A. Leithner

Borretsch.

© Natur im Garten/A. Haiden

Kapuzinerkresse.

Borretsch (*Borago officinalis*) Das anspruchslose Kraut ist ein guter Humusbildner und Bodenlockerer auf sonnigen Standorten, der durch die relativ große Blattfläche den Boden beschattet und feucht hält. Er ist daher im Gemüsegarten ein förderlicher Partner und eine passende Vorkultur für einige Gemüsearten. Borretsch ist sehr vermehrungsfreudig und sollte daher regelmäßig gehackt werden. Mit einer Grabegabel lassen sich die Wurzeln einfach ausheben. Die Blüten locken im Hochsommer viele Bestäuber wie Honigbienen, Hummeln und Schwebfliegen an. Im Wildkräutersalat schmecken sie angenehm nach Gurke. Auch die jungen Blätter können in geringen Mengen verzehrt werden.

Kapuzinerkresse (*Tropaeolum majus*): Im Halbschatten von Baumscheiben und auf feuchten Standorten gedeiht sie bestens und soll dort auch Blattläuse abwehren. Außerdem besuchen Schwebfliegen, deren Larven täglich Unmengen von Blattläusen vertilgen können, ihre Blüten sehr gerne. Aussaat ist zwischen April und Juni, Ernte der Blüten von Juni bis Oktober. Junge Blätter und Blüten schmecken durch die enthaltenen Senföle senf- oder kresseartig, würzig scharf. Kapuzinerkresse ist relativ einfach auch im Topf oder Kübel zu kultivieren, sollte dann allerdings nicht vollsonnig stehen. Sie braucht zum Keimen einen feuchten Boden, ist sonst aber relativ anspruchslos.

NATUR im GARTEN Tipp

Kapuzinerkresse

erfriert beim ersten Frost und stirbt ab. Ernte die reifen Samen also rechtzeitig. Wenn sie trocken, dunkel und frostfrei aufbewahrt werden, kannst du im nächsten Jahr wieder Kapuzinerkresse aussäen und der Kreislauf schließt sich.

Kornblume (*Centaurea cyanus*): Das einjährige Ackerbeikraut ist schon sehr lange bei uns eingebürgert und beliebt bei Wildbienen, Schwebfliegen und Schmetterlingen sowie deren Raupen. Um eine frühe Blüte im Folgejahr zu bekommen, empfiehlt sich die Aussaat im September. Möglich ist außerdem die Aussaat direkt in ein feinkrümeliges Beet, zwischen März und Mai. Die Kornblume bevorzugt nährstoffreiche Böden und mag sonnige Standorte. Eine kleine Kompostgabe zum Start lässt sie gut wachsen. Von Mai bis August ist Blütezeit, mancherorts dauert sie bis in den Herbst. Die zierliche und doch kronenhafte, tiefblaue Flockenblüte bereichert als Topping Suppen, Salate und Süßspeisen. Im Geschmack ist sie leicht bitter bis nussig. Die getrockneten Blüten werden als farbiger Eyecatcher in Kräutertees untergemischt.

© Shutterstock/olko 1975

Kornblume.

© Natur im Garten/A. Haiden

Wilde Malve.

© Natur im Garten/A. Haiden

Der hochwüchsige Muskatellersalbei wurde früher gern dem Wein zugesetzt – für ein feineres Aroma.

Wilde Malve (*Malva sylvestris*) Ursprünglich aus dem eurasischen Raum stammend ist sie mittlerweile in weiten Teilen Europas beheimatet. Das auch als Käsepappel benannte Kraut findet seit der Antike kulinarisch und medizinisch Verwendung. Die Blüten der Wilden Malve dekorieren mit ihrem kräftigen rosavioletten Farbton Salate und Desserts oder getrocknet Teemischungen. Auch aufgrund ihrer färbenden Wirkung werden die Blüten gern Speisen und Sirups beigefügt. Die Blüten haben einen zarten, süßlichen Geschmack, die jungen Früchte schmecken leicht nussig. Die gesamte Pflanze ist als schmackhaftes Wildgemüse genießbar und in ihrem Geschmack eher mild bis neutral.

Echter Salbei (*Salvia officinalis*) Das wärmeliebende Küchenkraut aus der Familie der Lippenblütler stammt ursprünglich aus dem Mittelmeerraum und aus Nordafrika. Es wird seit jeher in Bauern- und Klostergärten kultiviert und für seine Bitterstoffe geschätzt. Salbei ist ein Sonnenanbeter und sollte ausreichend Platz an einem sonnigen Ort im Kräuter- oder Staudenbeet, auf der Kräuterspirale oder gern auch an einer Hauswand erhalten. Artspezifisch kann die Staude ziemlich groß werden. Es gibt noch viele andere Salbeiarten, die sich in ihrem Aussehen, ihrem Geschmack und in der Blütenfarbe unterscheiden, alle aber sind essbar. Ihre Blüten eignen sich als Beigabe zu Salaten und anderen Gerichten, für Sirups oder Gelees.

Schnittlauch mit Blüten. © Shutterstock/La Huertina De Toni

Schnittlauch (*Allium schoenoprasum*): Er gehört zur Unterfamilie der Lauchgewächse (Allioideae), die mit ihren Überdauerungsorganen in Form von Zwiebeln, Knollen oder Rhizomen zwei- bis mehrjährig und winterhart sind. Schnittlauch liebt nährstoffreiche Böden und braucht Feuchtigkeit. Wird er häufig beerntet, kann er regelmäßig mit Biodünger, z. B. mit einer selbst hergestellten Pflanzenjauche aus Brennnesseln, gedüngt werden. Werden die Stängel nicht geschnitten, öffnen sich von Ende April bis Anfang Juni prächtige lila Blütenköpfe mit vielen kleinen Einzelblüten, die nicht nur für Insekten attraktiv sind. Als dekorative Zugabe in Salat und anderen Gerichten sind Schnittlauchblüten ein mild würziger Augen- und Gaumenschmaus. Der Schnittlauch lässt sich sehr einfach vermehren, indem man den Ballen im Frühjahr oder Herbst ausgräbt und mit einem Spaten oder auch mit den Händen teilt. Die geteilte Pflanze kann an unterschiedlichen Standorten wieder eingepflanzt werden. Gießen nicht vergessen!

© Shutterstock/Golden Shark 2

Taglilienblüte.

© Shutterstock/alwih

Duft-Veilchen.

Taglilie (*Hemerocallis*) Die zahlreichen Blütenknospen der Taglilien öffnen sich nach und nach ab Ende Mai, für jeweils nur einen Tag, mit großer Farb- und Geschmacksvielfalt. Ob weiß, dunkelrosa, orange oder rot, die Blüten schmecken eher süßlich oder haben eine pfeffrige Note. Sie eignen sich für den Rohgenuss, getrocknet, gekocht oder frittiert, als Zugabe in Salaten, Suppen, Eintöpfen und Desserts. Die besonders delikaten grünen Blütenknospen können als „falsche Kapern" sauer eingelegt werden.
Vermehren lässt sich die Taglilie über Wurzelteilung wie der Schnittlauch, indem man den Stock mit einem Spaten teilt, eine Hälfte ausgräbt, umsetzt und zu Beginn regelmäßig mit Wasser versorgt.

Veilchen (*Viola*). Ob Wohlriechendes Veilchen, Wildes oder Acker-Stiefmütterchen, Horn- oder Wald-Veilchen – es gibt viele unterschiedliche Arten. Sie werden allesamt auch als Violen bezeichnet, denn sie blühen oft in violetten Farbnuancen. Alle Veilchenarten sind essbar, sie schmecken lieblich süß und dekorieren Salate, herzhafte und süße Gerichte. Auch als Kräuterpesto, zur Aromatisierung von Getränken, als Sirup, Gelee oder getrocknet für Teemischungen kommen sie zum Einsatz. Veilchen mögen gern etwas Schatten und einen feuchten Boden. Halbschattige Plätze in der Nähe von Sträuchern sind ein optimaler Standort.

Blüten von Sträuchern und Bäumen

Die duftenden Blüten des Holunders werden vielfach verwendet, die des ansonsten giftigen Robinienbaums, auch Falsche Akazie genannt, wurden bereits in der Barockzeit als Verzierung aufs Konfekt gestreut. Lindenblüten sind Bestandteil der klassischen Erkältungstees. Auch Rosenblüten sind essbar. Eine duftende Urform der Gartenrosen in unseren Breiten war und ist die Apothekerrose (*Rosa gallica* 'Officinalis'), Damaszenerrosen verzaubern mit ihrem unwiderstehlichen Aroma. Eine historische Weiterentwicklung, die Centifolien, haben dem Namen nach hundert Blütenblätter, in deren Basis der Duft konzentriert ist. Auch wenn einfache Blüten mehr Pollen und Nektar für Insekten bieten, darf in einem vielfältigen Naturgarten auch Platz sein für die eine oder andere gefüllte Blüte.

Vergängliche Tatoos

Essbare Blüten sind hautverträglich und eignen sich für die Kreation raffinierter Blütentattoos – ein Spaß für Kinder und Erwachsene! Du brauchst nur eine großzügige Portion Fettcreme auf die Haut streichen und die einzelnen Blütenblätter sacht andrücken.

Ein Ringelblumen-Blütentattoo.
© Natur im Garten/M. Beneš-Oeller

Lass es keimen – Sprossen

Sprossen keimen zu lassen ist eine wunderbare Möglichkeit, sich innerhalb weniger Tage mit frischem und nährstoffreichem Grün direkt vom Fensterbrett zu versorgen, sogar im Winter und ohne großen Garten. Alles, was du dafür brauchst, sind Wasser, Licht, eine Keimvorrichtung, biologisches Saatgut, einen warmen Raum, Achtsamkeit und 2–3 Tage Geduld.

Sprossen sind gekeimte Samen oder wenige Tage alte Jungpflanzen, die, mit Ausnahme von Hülsenfrüchten, roh verzehrt werden können. Als Vitalkost sind sie auf vielfältige Weise in der Küche einsetzbar und passen aufs Butterbrot, in Eintöpfe, Salate und vieles mehr. Die kleinen Kraftpakete enthalten Ballaststoffe, Antioxidantien, Mineralien und zahlreiche Vitamine. Durch den Keimprozess werden Nährstoffe umgewandelt, freigesetzt und manche Säuren und unbekömmliche Stoffe abgebaut.

Linsensprossen.

Gekeimte und ungekeimte Kichererbsen.

Tipps und Tricks rund ums Keimen

Fast alle Nahrungspflanzen eignen sich für die Sprossenkeimung. Nur Nachtschattengewächse (Solanaceae) dürfen nicht verwendet werden. Die Samen von Aubergine, Kartoffel, Tomate, Paprika und anderen Nachtschattengewächsen enthalten nämlich einen auch für Menschen giftigen Fraßschutz: das Alkaloid Solanin. Keimt man die Samen von Hülsenfrüchten, wie Erbsen, Bohnen und Linsen, empfiehlt es sich, die fertigen Sprossen vor dem Verzehr für 5–10 Minuten im kochenden Wasser zu überbrühen.

Pflanzen werden in Dunkel- und Lichtkeimer unterschieden. Dunkelkeimer brauchen für den namensgebenden Keimprozess ausreichend Dunkelheit, Lichtkeimer hingegen benötigen ausreichend Licht dafür. Als grobe Faustregel gilt, dass große, kräftige Samen eher Dunkelkeimer und kleine, zarte Samen Lichtkeimer sind. Dies muss auch beim Aussäen berücksichtigt werden, um eine hohe Keimrate zu erreichen. Möchtest du Sprossen aus Saatgut von Dunkelkeimern wie Linsen ziehen, solltest du die Keimvorrichtung für ein paar Tage mit einem Tuch abdecken.

Die Samen erreichen durch den Keimprozess ein Vielfaches ihres Volumens. Aus einer Tasse Saatgut können sich schon mal sieben Tassen Sprossen entwickeln. Das musst du bei der Auswahl der Samenmenge und Größe der Keimvorrichtung unbedingt berücksichtigen, damit ausreichend Platz für die Keimung und Luftzirkulation bleibt, um Schimmelbildung vorzubeugen.

Schritt für Schritt zu gesunden Sprossen

1. **Samen ankeimen:** Um den Keimprozess zu starten und die Samen aus der Keimruhe zu wecken, weiche die Samen zuerst in Wasser ein. Dadurch quellen sie auf, der Stoffwechsel der Pflanze wird ak-

tiviert und die harte Samenschale bricht auf. Das Wasser wird nach einiger Zeit abgegossen. Die Einweichdauer variiert von Pflanze zu Pflanze zwischen 6–12 Stunden (siehe Tabelle auf Seite 150).

2. **Keimlinge spülen:** Die Keimvorrichtung wird nun an einen hellen, warmen Platz gestellt und regelmäßig mit frischem Wasser gespült. Keimgläser werden dazu mit frischem Wasser angefüllt, wenige Minuten stehen gelassen, kräftig geschüttelt und das Spülwasser abgegossen. Das Wasser ist reich an Nährstoffen und kann auch zum Gießen von Zimmerpflanzen verwendet werden. Der Spülvorgang sollte zwei- bis dreimal täglich wiederholt werden, um die Keimlinge mit Feuchtigkeit zu versorgen und einer Keimbelastung oder Schimmelbildung vorzubeugen. Bei einer Sprossenschale oder einem Sprossenturm müssen die Samen mehrmals täglich mit Wasser besprüht werden, damit eine konstante Feuchtigkeit gegeben ist. Bereits nach kurzer Zeit zeigen sich helle zarte Keimlinge. Aus der Keimwurzel bildet sich bei jedem Keimling der Keimstängel und schließlich öffnen sich die Keimblätter. Eine kleine Pflanze ist erkennbar.
3. **Sprossen ernten:** Nach nur wenigen Tagen sind die Sprossen erntereif. Aus den Samen haben sich kleine Pflanzen entwickelt, deren Gehalt an Nährstoffen sich dabei vervielfacht hat. Das Junggemüse sollte ausreichend gewaschen werden. Du kannst es erntefrisch genießen oder einige Tage in einem Gefäß feucht und gut verschlossen an einem kühlen, dunklen Ort, z. B. im Kühlschrank, aufbewahren.

Keimvorrichtungen

Es gibt eine Vielfalt an Keimvorrichtungen, die sich in Form, Größe und Material unterscheiden. Wichtig ist eine regelmäßige Reinigung der Behältnisse; sie sollten nach jedem Keimprozess mit heißem Wasser gespült und gesäubert werden.

Keimglas mit Sprossenmix. © M. Pardeller

Keimglas: Das Glas besteht aus einem Schraubglas, einem Deckel mit Siebeinsatz aus Edelstahl und einer Abtropfschale bzw. Halterung. Keimgläser sind langlebig, hygienisch, praktisch, stilvoll und für alle nicht schleimbildenden Samen geeignet. Aufgrund des Materials können sie leicht gereinigt werden. Sie sind spülmaschinenfest, sofern der Deckel aus rostfreiem Edelstahl ist. Keimgläser gibt es in vielen Größen, die Halterungen sind aus Metall, Holz oder Keramik.

Keimschale mit Siebeinsatz (Kressesieb): Die Keimvorrichtung kombiniert ein Sieb aus Edelstahl mit einem Behältnis aus Glas oder Keramik. Keimschalen sind für alle schleimbildenden Samen geeignet. Das Behältnis kann mit Wasser, durchtränkter Watte oder Küchenrolle gefüllt und die Samen auf das Gitter verteilt werden.

Sprossenhaus oder Sprossenturm: Die in Etagen gestapelten Sprossenschalen sind auch für Microgreens geeignet. Der Sprossenturm ermöglicht es, gleichzeitig mehrere Kulturen keimen zu lassen. Das Wasser wird in die oberste Etage eingefüllt und läuft bis nach unten durch. Ein Sprossenturm besteht meist aus Kunststoffen; hier ist es besonders wichtig, auf die Hygiene zu achten. Nicht alle Materialien sind spülmaschinenfest. Es gibt auch Varianten aus Terrakotta.

Rucola keimt in einer Keimschale. © M. Wappel

Der Kresse-Igel ist eine beliebte Variante der Keimschale aus Ton für Kinder und Junggebliebene. © M. Pardeller

Microgreens

Jungpflanzen, die sehr dicht gesät und nach 1–3 Wochen geerntet werden können, bezeichnet man als Microgreens. Im Gegensatz zu den Sprossen sind hier Anzuchterde oder Anzuchtmatten aus Hanf- oder Kokosfasern nötig. Geerntet werden die 4–8 cm langen Triebe am Stängel, knapp oberhalb der Wurzeln. Bei Erbsen kannst du die Ernte mehrmals wiederholen, da ihre großen Samen genug Kraft haben, nach der Ernte zwei- oder gar dreimal durchzutreiben. Auch Brokkoli, Rettich, Rote Beete, Rotkohl, Petersilie, Sonnenblume und viele andere Gemüse eignen sich zur Microgreen-Kultur und spenden reichlich Vitamine und Nährstoffe in konzentrierter Form.

Sprossenturm in Etagen. © M. Steiner

Microgreens. © M. Wappel

Die Tabelle gibt einen Überblick über die unterschiedlichen Saaten und deren Anforderungen zur Keimung.
Die Liste lässt sich beliebig erweitern, Experimentierfreude ist willkommen.

Das Saatgut ist im Handel auch als Sortenmix erhältlich und sollte biologischen Ursprungs sein. Die Samen können aber auch aus dem eigenen Anbau gesammelt werden.

SPROSSEN UND MICROGREENS

Pflanzenart	Licht-/ Dunkelkeimer	Keimvorrichtung	Einweichdauer	Dauer bis zur Ernte der Sprossen	Eigenschaften
Alfalfa, Luzerne	Licht	Glas	6–8 Std.	ab 7 Tage	Liefert viel Vitamin C, Magnesium und Eisen
Adzukibohne	Dunkel	Glas	Mind. 10 Std.	ca. 4 Tage	Süß, nussig im Geschmack, Erhitzen empfohlen
Bockshornklee	Licht	Glas, Sieb	6–8 Std.	2–3 Tage	Kann bitter schmecken, wenn er zu lange gekeimt wird
Brokkoli	Dunkel	Glas	6–8 Std.	3–6 Tage	Hoher Anteil an Sulforaphan
Buchweizen (geschält)	Dunkel	Glas, Sieb	6–8 Std.	2–3 Tage	Starke Schleimbildung, daher mehrmaliges Spülen am Tag wichtig
Erbse	Dunkel	Sieb	12 Std.	3–4 Tage	Ideal für Microgreens
Getreide (wie Dinkel, Hafer, Weizen, Roggen)	Dunkel	Glas, Sieb	6–12 Std.	1–4 Tage	Süßlicher bis nussiger Geschmack
Grünkohl	Dunkel	Glas, Sieb	–	7–10 Tage	Kann als Wintergemüse angebaut werden, sehr reicher Samenstand
Kichererbse	Dunkel	Glas	mind. 12 Std.	3–4 Tage	Ideal für Hummus; erhitzen empfohlen
Kresse	Licht	Sieb	2–3 Std.	ca. 6 Tage	Ideal für Neulinge
Linsen (Beluga, Berg- oder Tellerlinsen, Grüne Linsen)	Dunkel	Glas	8–12 Std.	2–4 Tage	Erhitzen empfohlen
Mungobohnen	Dunkel	Glas	12 Std.	ca. 3 Tage	Erhitzen empfohlen
Radieschen/Rettich	Dunkel	Glas	8 Std.	2–4 Tage	Leichte Schärfe aufgrund der Senföle
Rote Beete	Dunkel	Glas, Sieb	12 Std.	7–14 Tage	Lange Keimdauer, ideal auch als Microgreen
Rucola	Licht	Sieb	2–3 Std.	6–7 Tage	Scharfe Note, bildet feinste weiße Mikrowurzeln, die mit Schimmel verwechselt werden können
Senf	Licht	Sieb	6–8 Std.	3–4 Tage	Scharf und würzig aufgrund der enthaltenen Senföle, antibiotische Wirkung
Sonnenblumen	Dunkel	Glas, Sieb	6–8 Std.	1–2 Tage	Baldiges Ernten empfohlen, können rasch schlecht werden
(Winterhecken-) Zwiebel	Licht	Glas, Sieb	–	7–12 Tage	Sehr ergiebig, mehrjähriges Gemüse, entwickelt unzählige Samen

Gemüse braucht seinen Platz

Der erfolgreiche Gemüseanbau beginnt mit frischem, gut keimfähigem Saatgut. Samen von Fruchtgemüsen sind oft einige Jahre haltbar, die von Zwiebel-/Lauchgewächsen und von Doldenblütlern wie Petersilie oder Pastinake meist nur ein Jahr, es sei denn, du frierst sie ein. Wenn du mehr Saatgut hast, als du benötigst, lassen sich, wie zuvor beschrieben, Sprossen daraus kultivieren oder du teilst es mit Gleichgesinnten. Die erforderliche Saatgutmenge hängt von den Pflanzabständen zwischen und in den Reihen ab, das nötige Gesamtgewicht von der Samengröße. Saatguthersteller geben meistens an, für wie viele Pflanzen oder für welche Fläche der Inhalt der Packung reicht.

Falls du dein Saatgut selbst geerntet hast, ein paar Zahlen zur Orientierung:

- Von den besonders feinen Selleriesamen werden maximal 0,1 g pro m^2 benötigt, ebenso von den etwas größeren Paradeisersamen, die deutlich mehr Platz brauchen. An Stützen oder Schnüren hochgezogen braucht eine Tomate mindestens 50 x 80 cm, lässt man sie am Boden kriechen, sogar bis zu 4 m^2. Letzteres ist aber nur in sehr trockenen Gegenden zu empfehlen, weil das Laub sehr dicht wird und nahe der Erde länger feucht bleibt. Das beschleunigt Pilzbefall, vor allem die Kraut- und Braunfäule.
- Für Salate mit Pflanzabständen von etwa 25 x 25 cm brauchst du 0,2 g Saatgut.
- Für Kohlgewächse mit Abständen von 50 x 50 cm bzw. Kohlrabi 25 x 25 cm und Lauch 30 x 15 cm werden etwa 0,5 g pro m^2 benötigt.
- Die Samen von Feldsalat und Spinat werden dichter gesät, etwa 15 x 3 cm, mit zumindest 2 g Saatgut pro m^2.
- 1 – 3 g Samen werden von Fenchel, Mangold (40 x 20 cm), Gurken, Karotten, Radieschen, Rettich, Roten Rüben, Schwarzwurzeln und Zucchini benötigt und auch von Zwiebeln, wenn sie angesät werden. Für Zuckermais brauchst du 5 g pro m^2 (60 x 25 cm).
- Werden bereits ausgebildete Zwiebeln und Knoblauch gesteckt, erhöht sich das Gewicht auf 100 g pro m^2.
- Für Schalotten, Bohnen und Erbsen reichen 15–20 g pro m^2 Saatgut aus.

NATUR im GARTEN *Tipp*

Weniger bringt mehr

Auch wenn es manchmal schwerfällt: Halte die empfohlenen Mindestabstände zwischen den Pflanzen ein, die auf den Samenpäckchen angegeben sind. Die Kulturen können sich so besser entwickeln. Andernfalls musst du mit starken Ernteeinbußen rechnen. Verschenke oder tausche überzählige Jungpflanzen oder: Iss sie als Microgreens.

Permaveggies – Ewiges Gemüse

Jenen, die wenig Zeit haben, möchten wir das ausdauernde Gemüse ans Herz legen. Gerade im Klimawandel sind die robusten Stauden besonders geeignet, denn einmal gepflanzt und etabliert, brauchen sie deutlich weniger Aufmerksamkeit als die kurzlebigen Gemüsearten. Voraussetzung dafür ist natürlich, dass sie passend zum Standort ausgewählt werden. Dann kommen sie gut zurecht, egal, ob wenig oder viel geerntet wird. Sie überstehen auch ein paar Wochen Abwesenheit. Wie andere Stauden reagieren sie auf eine Kompostgabe im Frühling mit gutem Wachstum, sie benötigen alle 2–4 Jahre eine Verjüngungskur, indem man zu dicht gewordene Horste oder Wurzelausläufer teilt und wieder für Licht und Luft sorgt. So können sie zehn Jahre oder mehr auf eigens für sie vorgesehenen Beetflächen bleiben.

EMPFEHLENSWERTE PERMAVEGGIES			
Art	**Ansprüche**	**Pflege**	**Besonderheit**
Blutampfer (*Rumex sanguineus*)	Halbschatten, durchlässiger Boden, kühl-feuchte Lagen	Regelmäßig die jungen Blätter ernten und alle vier Jahre zu dicht werdende Horste teilen	Gedeiht auch im Topf, etwas süßlicher als der Garten-Sauerampfer
Cardy, Kardone, Gemüse-Artischocke (*Cynara cardunculus*)	Sonne, Wärme (Weinklima), Starkzehrer, nährstoffreicher, tiefgründiger, humoser Boden und genügend Wasser; wird als Gemüse einjährig kultiviert, eine Pflanze pro m^2	Für die Ernte der Blattstiele Ende April aussäen, ab September für milden Geschmack für 1–2 Monate umwickeln/bleichen bzw. als Wintergemüse samt Ballen im Keller in Sandkisten einschlagen	Ab dem zweiten Standjahr imponiert die bis 3 m hohe Distel mit ihren großen, blauvioletten Blüten, allerdings ohne fleischige Blütenböden
Grünspargel (*Asparagus officinalis*)	Sonne, tiefgründiger, nährstoffreicher, sandiger Boden, spätfrostempfindlich; Staunässe und hohen Grundwasserspiegel vermeiden	Gründliche, tiefe Beetvorbereitung mit Kompost und angerottetem Mist, jährliche Kompostgabe (Starkzehrer)	1 Pflanze bringt ab dem 3. Standjahr ca. 0,5 kg Ertrag pro Jahr, muss vor dem Verzehr nicht geschält werden, kann auch roh gegessen werden
Kren, Meerrettich (*Armoracia rusticana*)	Bevorzugt feuchte, durchlässige Böden, sonst anspruchslos	Kompostgaben fördern das Wachstum	Schwer zu entfernen, daher in Randbereiche setzen
Rhabarber (*Rheum rhabarberum*)	Schätzt Sonne, braucht aber Feuchtigkeit, in heißen Regionen daher lieber im Halbschatten kultivieren, nährstoffreiche Böden wichtig für Ertrag	Jährliche Kompostgabe im Frühling (Starkzehrer), ab Ende Juni Ernte einstellen, damit die Pflanze regenerieren kann	Hohe Erntemengen, max. ein Drittel pro Ernte entnehmen, noch geschlossene Blüten sind essbar, weil Oxalsäure dann noch im Stängel steckt
Baumkohl, Ewiger Kohl (*Brassica oleracea* var. *ramosa*)	Halbschatten, feuchter Boden, bis zu –10 °C frosthart	Regelmäßige Ernte förderlich für Wachstum, auf Befall mit Kohlschädlingen achten	Hohe Erntemengen, je nach Schnitt busch- oder baumförmig wachsend, Wintergemüse
Meerkohl (*Crambe maritima*)	Schätzt volle Sonne, in sommerheißen Lagen wird auch Halbschatten vertragen	Kompostgaben im Frühjahr und im Herbst (Starkzehrer), bei großer Sommerhitze nicht oft, aber durchdringend gießen, damit die tiefen Wurzeln erreicht werden	Beim Austrieb abgedeckte, gebleichte Stiele wie Spargel essbar, später grüne Blätter wie Mangold oder Spinat verwenden, ab der Blüte Ernte einstellen, im Staudenbeet ein echtes Highlight
Topinambur (*Helianthus tuberosus*)	Volle Sonne	Kompostgaben im Frühjahr	Achtung vor Ausbreitung: Wurzelbarriere einbauen, hochwüchsig
Winterheckenzwiebel (*Allium fistulosum*)	Sonne bis Halbschatten	Pflegeleicht	Kann laufend geerntet werden, Blüten für Insekten, Samen für Sprossen
Guter Heinrich (*Blitum bonus-henricus*)	Auch für Halbschatten geeignet	Blattgemüse	Spinatersatz

Wer mehr zu diesem spannenden Thema lesen möchte, dem empfehlen wir das Buch „Der essbare Garten“ von Sabine Reber und Markus Kobelt.

Gemüsevielfalt übers ganze Jahr

Fast alle anderen in unseren Breiten gängigen Kulturen haben einen ein- bis zweijährigen Lebenszyklus. Selbst die Zweijährigen wie Zwiebeln, Lauch, viele Kohlarten, Mangold und diverse Rüben werden in der Regel schon im ersten Jahr geerntet, bevor sie – nach der Winterkälte – ihre Energie in die Blüten- und Samenbildung stecken: In ihrem ersten Lebensjahr bilden sie ihre begehrten Blätter, ihre verdickten, noch unverholzten Wurzeln oder zarten Stängel. Brokkoli und Karfiol liefern schon im ersten Jahr essbare Blüten, die Radieschen sogar innerhalb von 1–2 Monaten die zarten Rübchen. Einjährige Gemüse sind außerdem Salat, Spinat, Erbsen, Buschbohnen oder Mais.

Gutes Timing

- Spinat, Feldsalat und Asiasalate sollten schon im Herbst oder spätestens im Februar angebaut werden. Robuste Pflücksalate, Rucola, Ackerbohne, Erbse, Mairübe, Radieschen, Frühlingsrettich und Schwarzwurzel werden ebenfalls schon im Vorfrühling im Freiland gesät, etwa ab Ende Februar, während noch die Schneeglöckchen blühen. Erbsen bringen sogar umso mehr Ernte, je früher sie sich entwickeln können, denn nach dem Juni kann man nur noch ihre Samen reifen lassen.
- Ab März, wenn die Dirndl/Kornelkirsche blüht, gesellen sich die Samen von Karotten, Pastinaken, Kopfsalaten, Kohlrabi und Zwiebeln hinzu, ab Anfang April vorgekeimte Kartoffeln, Sommerkopfsalat und Fenchel, der noch bis August für eine spätere Ernte nachgebaut werden kann.
- Bei Karotten, Kohlrabi und Salaten ist zu empfehlen, nicht das gesamte Saatgut auf einmal auszubringen, sondern den Anbau in Sätzen zu staffeln, also etwa alle zwei Wochen eine weitere Partie anzusäen, damit auch die Ernte sich auf einen längeren Zeitraum erstreckt. Karotten und Kohlrabi können bis Mitte Juli und Kopfsalat-Spätsorten bis in den Oktober angebaut werden.
- Mitte April, wenn die Apfelbäume blühen, können Kartoffeln gelegt, Zwiebeln gesteckt und Kohlsprossen, Sonnen-, Ringel-, Kornblumen, Kosmeen, Mais, Mangold oder Buschbohnen gesät werden. Mit Letzteren kann man sich aber auch bis Mitte Juli Zeit lassen für eine spätere Ernte.
- Erst im Mai kommen die Samen (oder vorgezogene Pflanzen) von Stangenbohnen, Roter Rübe, Weißkraut, Spätkohl, Sellerie, Eissalat, Gurken, Zucchini hinzu.
- Im Juni ist immer noch Zeit für die Aussaat von Kohlgewächsen und Winterkarotte.
- Juli ist der richtige Monat, um Chinakohl und Endiviensalat anzusäen. Bis sie gekeimt sind und wachsen, sind die Tage auch schon etwas kürzer.
- Spinat, Vogerl-/Feldsalat, Asia- und andere Herbstsalate können ab August oder besser noch September von Neuem angebaut werden, wenn die Tage deutlich wieder kürzer werden und die Temperaturen sich mäßigen.
- Im Oktober ist der beste Zeitpunkt, um Knoblauch zu stecken oder Rhabarber zu teilen. Dann geht alles von Neuem los.

Schossen vermeiden

Der Mittsommer rund um den 20. Juni stellt eine Zäsur dar im Gemüsejahr: Wenn die Nächte länger und die Tage kürzer, aber auch heißer werden, geht es los mit dem Schießen und Schossen. Viele Salate, Spinat und Radieschen werden lang und länger

NATUR im GARTEN Tipp

Auf die Sorte kommt es an!

Bei vielen Gemüsearten gibt es spezielle Sorten für den frühen oder späten Anbau, die unterschiedlich schossfest bzw. empfindlich gegenüber Kälte oder Hitze sind.

und trachten nur noch danach, Blüten und Samen zu produzieren anstatt großer Blätter oder dicker Knollen. Salate bilden ab diesem Zeitpunkt auch vermehrt Bitterstoffe. Deshalb solltest du sie ernten, sobald die ersten Anzeichen zum Auswachsen bemerkbar sind. Direkt vor Ort gesät, wachsen Kulturen kontinuierlich, zumeist gesünder und schossen später als verpflanzte. Auch zeitweise Verdunkelung oder Abdeckung mit lichtundurchlässigen Materialien könnte dem Schossen entgegenwirken, ist aber aufwendig. Einfacher beugt man bereits durch gezielte Sortenwahl vor. Schossfeste Sorten wie der Pflücksalat 'Catalogna' können von März bis August laufend nachgebaut werden, auch wenn bei Pflücksalaten die Ernte schon dadurch aufgeteilt ist, dass man immer nur so viele Blätter abnimmt, wie man gerade braucht. So gesehen ist Pflücksalat ideal fürs Balkonkistchen.

Wintergemüse und Wintersalate

Viele Gemüsepflanzen wachsen auch noch bei niedrigeren Temperaturen gut und sind zudem viel unempfindlicher gegenüber Kälte und Frost, als man denkt. Wird das Gemüsebeet allmählich abgeerntet, können kältetolerante Salate nachgebaut werden. Vogerlsalat wird je nach Witterung und Aussaatzeitpunkt noch im selben Jahr oder im darauffolgenden Frühjahr geerntet. Bei Aussaat bis Anfang September kann er meist ab Oktober geerntet werden, bei späterer Aussaat erst im Frühjahr. Pflücksalate wie Eichblatt, Lollo rosso oder Asiasalate wie Pak Choi können bis Ende September angebaut werden, als Jungpflanzen sogar bis Oktober. Die bunten aromatischen Blätter sind ab November, Dezember erntereif. Schnell und verlässlich keimen auch Radieschen. Als Nachkultur von August bis September angebaut, werden sie bereits im Oktober geerntet. Bis in den Dezember hinein halten auch Zichoriensalate wie Endivien der Kälte wacker stand, mit Schutz sogar länger.
Absolut winterhart sind zudem Winterlauch, Winterheckenzwiebel und Schnittknoblauch, vom Mangold eher nur die grünen Sorten. Rundum mit einer dicken Laubschicht gemulcht und in rauen Nächten durch ein Vlies geschützt, kann nach Bedarf geerntet werden.
Kohl mag die Hitze nicht, verträgt die Kälte dafür umso besser. Viele der länger im Beet stehenden Kohlarten sind schwierige Kulturen, weil sie nicht nur von uns, sondern auch von gefräßigen Gartenmitbewohnern geschätzt werden, die vor allem im Frühjahr über die Jungpflanzen herfallen. Trau dich trotzdem: Frisch geerntete Kohlsprossen, Grünkohl und Palmkohl sind eine enorme Bereicherung für die winterliche Küche.
Selbst wenn die Blätter der winterlichen Gemüsepflanzen bei Minusgraden glasig wirken, sind sie nach dem Auftauen wieder ganz frisch, sofern sie nicht verletzt wurden. Die gefrorenen Blätter daher besser nicht berühren und erst dann ernten, wenn die Sonne die Blätter wieder aufgetaut hat.
Frost macht den meisten Wintergemüsen wenig aus, zu viel Niederschlag hingegen kann zu Fäulnis führen. Bei langer feuchter Witterung empfiehlt es sich, die Pflanzen abzudecken. Auch scharfe Winde sind fernzuhalten, denn wenn sie an den gefrorenen Pflanzen rütteln, zerstören die reibenden Eiskristalle in den Pflanzenzellen die Blattstruktur.

Einfache Kulturen im Porträt

Bohnen, Erbsen, Erdäpfel, Karotten, Knoblauch, Zwiebeln, Kürbis und Zucchini, Paradeiser und Salate sind unsere Lieblingskulturen für den Einsteiger-Selbstversorgergarten. Deshalb stellen wir sie auf den folgenden Seiten näher vor.

Bohnen (*Phasaeolus vulgaris*)

Es gibt eine bunte Vielfalt an unterschiedlichen Bohnen: Sorten, deren ganze Hülsen geerntet werden, oder solche, bei denen nur die bunten Samen daraus gesammelt werden. Manche wachsen in die Höhe und benötigen eine Rankhilfe, andere bleiben lieber als kleiner Busch nah am Boden. Bohnen sind Dunkelkeimer und gehören zur Familie

Bohnenzelt. © Natur im Garten

der Leguminosen oder Schmetterlingsblütler, die in der Lage sind, den Boden mit Stickstoff anzureichern. Die Assimilation von Stickstoff gelingt ihnen in Zusammenarbeit mit sogenannten Knöllchenbakterien, die sich an den Wurzeln anlagern. Vom Stickstoff profitieren nicht nur die Bohnen selbst, sondern auch die Folgekulturen.
Gartenbohnen sind Schwachzehrer, sie benötigen nicht viele Nährstoffe, weswegen der Boden vorab nicht gedüngt werden sollte. Sie schätzen einen lockeren, gern auch sandigen Boden, Wärme und das „Glockengeläut“, das sie hören können, wenn sie nur wenige Zentimeter tief in die Erde gelegt und leicht damit bedeckt werden.
Gartenbohnen machen sich auch auf dem Balkon gut und können in einem Kübel kultiviert werden. Achte hier unbedingt auf regelmäßige Wassergaben für einen gesunden Wuchs und Fruchterfolg. Der Pflanztopf muss für Stangenbohnen mindestens 40 cm tief sein, für Buschbohnen reichen 24 cm.
Stangenbohnen sind windempfindlich. Sie wachsen in die Höhe und benötigen eine Rankhilfe, die man im Vorhinein anbringen und ca. 20 cm tief in der Erde verankern sollte. Besonders attraktiv sind pyramidenförmige Rankgerüste aus Ästen wie z. B. Weiden, Bambus, aber auch ein Metallgitter oder Schnüre sind geeignet. Wichtig ist, dass die Bohnen das Gerüst möglichst bodennah erreichen und etwa 2 m hoch hinaufwachsen können. Auf dieser Höhe kannst du die Bohnen abzwicken, so verzweigen sie sich stärker. Ab einer Bodentemperatur von 8 °C keimen die Samen, sie sollten aber trotzdem erst gegen Mitte Mai in die Reihen gelegt werden. Nach 8–12 Wochen kannst du ernten.
Buschbohnen sind etwas anspruchsloser und kommen mit weniger Wasser zurecht als Stangenbohnen. Durch regelmäßiges Anhäufeln und Bodenlockerung werden die Pflanzen robuster und sind besser gegen die Wurzelfliege gerüstet. Geerntet werden sie 6–8 Wochen nach der Aussaat, ab jetzt solltest du alle 2–3 Tage die erntereifen Hülsen pflücken. Das fördert eine weitere Fruchtbildung und Triebentwicklung.
Feuerbohnen, auch Käferbohnen genannt, können bereits Ende April gesät werden, ein Rankgerüst braucht die wuchsfreudige Feuerbohne unbedingt. Die ersten Feuerbohnen können nach etwa 13 Wochen geerntet und als Hülsen oder Fisolen verzehrt werden. In diesem Stadium sind sie noch sehr weich und schmackhaft. Die Samen hingegen können erst nach einer Dauer von ca. 20 Wochen geerntet werden, wenn die Hülsen trocken sind.

Erbsen (*Pisum sativum*)

Erbsen zählen ebenfalls zur Familie der Hülsenfrüchte. Am ertragreichsten ist der Anbau, wenn du bereits im März aussäst. Der zeitige Frühjahrsanbau hat meistens den Vorteil, dass ausreichend Feuchtigkeit im Boden vorhanden ist. Daher können frühe Erbsen in normal feuchten Jahren ohne Bewässerung angebaut werden. Eine dicke Mulchschicht aus Heu, ein Kulturschutznetz oder morgendliches Gießen sorgen zudem für gute Bodenfeuchtigkeit.

ERBSEN ZUM TROCKNEN, AUSLÖSEN ODER FÜR SÜSSE HÜLSEN

Erbsentypen	Erntezeit	Charakteristika	Verwendung
Palerbsen (*Pisum* convar. *sativum*)	Juli	Glatte Samenschale; gelb-grüne Farbe; sehr stärkehaltig; erntereif, wenn Hülsen eingetrocknet sind	Trockenerbse für Suppen und Eintöpfe
Markerbsen (*Pisum* convar. *medullare*)	ab Mitte Juni	Pergamentschicht auf der Innenseite der Hülsen; Samen runzelig und vollreif leicht eckig; erntereif, wenn Samen groß, aber noch grün und kugelrund sind	Gut zum Konservieren, z. B. Tiefkühlen
Zuckererbsen (*Pisum* convar. *axiphium*)	ab Mitte Juni	Runde, runzelige Form; verschiedene Farben; erntereif, wenn Hülsen noch zart sind	Frischverzehr roh, gedünstet

In Kürze

- Ansprüche: gering, gedeihen auch auf mageren Böden, Keimtemperatur 5–8 °C, Schwachzehrer.
- Aussaat/Pflanzung: Ab März möglich, Dunkelkeimer
- Abstand: Zwischen den Reihen 30–45 cm, in der Reihe 5 cm, die Körner werden 3 cm tief in die Erde gedrückt. Alternativ können sie auch gelegt und mit 3 cm Erde bedeckt werden.

Sobald die ersten Keimlinge sichtbar sind, sollte der Boden durch Hacken gelockert und Beikräuter entfernt werden. Etwa zwei Wochen später bewirkt leichtes Anhäufeln, dass die Pflanzen stabil wachsen, was gerade in windoffenen Lagen vorteilhaft ist. Spätestens jetzt wird auch die Rankhilfe aufgebaut. Zweige von Ulme, Haselnuss oder anderen Gartengehölzen, die um

Erbsen wachsen besser an einem Rankgitter.

10 cm länger als die Erbsenwuchshöhe geschnitten werden, kommen alle 10 cm in den Boden und werden miteinander verwoben. Verwendest du sehr hohe Sorten, sind die Holzstecken zu instabil, dann werden Rankgitter nötig. UV-beständige Systeme aus Kunststoff sind leicht und flexibel und können entlang der Reihe seitlich an Holzpfosten gespannt oder von oben hinab auf einen Draht oder quer liegenden Holzpfosten aufgehängt werden. Auch ein Maschendrahtzaun, Baustellengitter, Holzgerüste oder selbst geflochtene Weidenrutenkonstruktionen können im Eigenbau angefertigt werden. Sind dir Rankhilfen zu mühsam, setze niedrig bleibende Sorten ein. Sie stützen sich mit ihren Trieben gegenseitig und gedeihen ohne Stütze. Allerdings bringen sie nicht so viel Ertrag.

NATUR im GARTEN Tipp

Startet früh durch!

Die Wintererbsensorte 'Sima' kannst du schon im Oktober anbauen. Sie wächst, bis es richtig kalt wird, dann bleibt sie stehen und treibt im zeitigen Frühjahr mit steigenden Temperaturen rasch weiter. Auf diese Weise ist der Boden auch im Winter begrünt und du erntest besonders früh.

© Shutterstock/Goskova Tatiana

Kartoffeln gibt es sortenabhängig in unterschiedlichen Farben.

Erdäpfel/Kartoffeln (*Solanum tuberosum*)

Erdäpfel zählen zu den Nachtschattengewächsen und sind eine ideale Einsteigerkultur. Sie bereiten den Boden in neu angelegten Beeten gut für nachfolgende Kulturen auf, sind sehr ertragreich und auch auf kleiner Fläche kommt mit wenig Aufwand eine stattliche Ernte zustande. Die gesunden Knollen enthalten sehr viel Vitamin C und Stärke.

Erdäpfel können in drei Kochtypen unterteilt werden:

- Mehlig kochend: hoher Stärkegehalt, platzen leicht, für Knödel, Püree, Teige
- Festkochend: niedriger Stärkegehalt, zerfallen nicht, klebrige Konsistenz, gut für Gulasch, Salzkartoffeln, Gratins
- Vorwiegend festkochend: mittlerer Stärkegehalt, Allrounder, geeignet für Eintöpfe, Pommes frites, Bratkartoffeln

In Kürze

- Ansprüche: Lockerer, humoser Boden, der mit Kompost gedüngt oder durch eine Gründüngung mit Nährstoffen vorbereitet wurde, Starkzehrer.
- Aussaat/Pflanzung: Abhängig von der Sorte; es gibt frühe, mittelfrühe und späte Sorten, ab April ist eine Pflanzung möglich.
- Abstand: 50–70 cm zwischen den Reihen, 30–35 cm in der Reihe, sie werden 10 cm tief in die Erde gelegt.

Hacken und Unkrautjäten in den ersten Wochen ist wichtig für das Auflaufen der Kultur. Sind die Erdäpfel nach ca. 8 Wochen etwa 20 cm hoch, werden sie angehäufelt, sodass nur die oberen Blätter herausschauen. Sind die Triebe weitere 20 cm nachgewachsen, häufelst du wieder an. Wenn alle Sprossen gut mit Erde bedeckt werden, können noch mehr Seitenwurzeln gebildet werden, an denen wiederum Knollen wachsen. Eine pflegeleichte Alternative zu dieser Dammkultur ist das Heubeet. Hierzu legst du die Saatkartoffeln im Abstand von ca. 40 x 40 cm direkt auf den Boden und bedeckst das Ganze mit einer 50 cm dicken Schicht Heu. Das Heu wird etwas angedrückt und kräftig angegossen. Die Kartoffeln treiben darunter aus und dann einfach hindurch. Das Heu wird im Lauf der Saison rasch verrotten und die von der Kartoffel benötigten Nährstoffe freisetzen – funktioniert auch im Hochbeet. Alternativ eignen sich Stroh oder Laub. Mische das trockene Material mit einem Drittel Kompost oder Grasschnitt, damit deine Kartoffeln nicht hungern müssen. Geerntet wird ca. 3 Wochen, nachdem das Laub verwelkt ist: frühe Sorten ab Juni, späte Sorten zum Einlagern im September.
Kartoffeln sind leider sehr anfällig für verschiedene Krankheiten und Schädlinge. Um die Verbreitung der Kraut- und Braunfäule zu unterbinden, solltest du frische, gesunde Setzkartoffeln verwenden, eine weite Fruchtfolge einhalten sowie genügend Abstand zu anderen Nachtschattengewächsen wie Paradeisern oder Melanzani. Befallenes Kraut

Gut zu wissen

Kartoffelkäfereier können leicht mit denen des Marienkäfers verwechselt werden. Schau genau, die Farbe und die Form der Eier unterscheiden sich nur minimal. Die Eier des Kartoffelkäfers sind auf der Blattunterseite versteckt. Sie sind spitz, orange und stehen aufrecht. Die des Marienkäfers sind rundlicher und meist etwas heller bis gelb.

sollte immer rasch entsorgt werden, damit sich Sporen nicht weiterverbreiten können. Den Kartoffelkäfer kannst du durch eine regelmäßige Kontrolle der Blattober- und -unterseiten in Schach halten. Sind Käfer, Eier oder Larven der ersten Generation vorhanden, werden sie händisch in einen Kübel gesammelt und entsorgt. Alternativ kann Bacillus thuringiensis, ein biologisches Pflanzenschutzmittel, ausgebracht werden.
Weitere Infos dazu findest du unter:
www.gartentelefon24.at

Eigelege des Kartoffelkäfers. © Shutterstock/Besjunior

Karotten (*Daucus carota*)

Karotten gehören zu den Doldenblütlern. Sie zählen zwar zu den arbeitsintensiven Kulturen, doch der lange Ernte- und Genusszeitraum und der einzigartige Geschmack sprechen dafür, sie selbst anzubauen.

In Kürze
- Ansprüche: Tiefgründiger, lockerer und sandig-lehmiger Boden, humos, darf aber nicht frisch gedüngt sein.
- Aussaat/Pflanzung: Nur Aussaat möglich, ab Ende Februar/Anfang März
- Abstand: Zwischen den Reihen 15–20 cm, in der Reihe 3–5 cm

Bunte Karottenvielfalt. © Shutterstock/Roxanne Davis

Zum Anbau werden die Samen in eine Rille gestreut und nur leicht mit Erde überstäubt, denn Karotten sind Lichtkeimer. Liegt das Saatgut leicht bedeckt in der Saatrille, wird mit dem Rechen sanft angedrückt, um einen guten Bodenschluss zu erlangen. Im Anschluss wird zweimal gleichmäßig befeuchtet. Bis die Samen keimen, können mehr als zwei Wochen vergehen.
Will man die Reihe nicht aus dem Blick verlieren, kann man in die Rille alle 10 cm einen Radieschensamen als Markierungssaat einstreuen. Sie wird viel früher geerntet als die Karotten und behindert sie daher nicht bei ihrer Entwicklung. Um die Keimzeit zu beschleunigen und den Karottenanbau zu erleichtern, kann man die Karottensamen auch bei Raumtemperatur in einem Glas mit Sand vorkeimen.
Wie das funktioniert, kannst du dir hier anschauen: **https://www.naturimgarten.at/gartenwissen/videotipps/tipp/karottenanbau.html**

Am wichtigsten für die Entwicklung der Wurzelbabies ist, dass sie stets genügend Feuchtigkeit haben. Die Karottenernte lässt sich durch gezielte Sortenwahl und entsprechend gestaffelte Anbauzeiten sehr stark ausdehnen:
- Lagerfähige Sorten werden im Juni gesät und im Herbst geerntet. Die früh geernteten Wurzeln sind besonders zart. Spät geerntete Karotten sind fester als früh geerntete und halten sich im Lager besser.
- Herbst- oder Winterkarotten können im Gewächshaus oder im niederschlags- und frostgeschützten Beet (Kalter Kasten) auch im Winter geerntet werden, dafür werden sie bereits im August gesät. Nach den ersten Frösten werden sie besonders süß und schmackhaft.
- Sät man Mitte September und deckt die jungen Karotten im Winter mit Stroh zu und im zeitigen Frühjahr wieder ab, können junge Karotten auch schon im April geerntet werden.

© Natur im Garten/A. Leithner

© Natur im Garten/S. Kolbinger

Bei Frühlingswetter im Januar haben wir Knoblauch gelegt.

Der im Januar gelegte Knoblauch war Mitte Juli erntereif und durchaus ansehnlich.

Knoblauch (*Allium sativum*)

Knoblauch ist in der Küche universell einsetzbar und zudem ein hervorragender Mischkulturpartner, der beispielsweise Erdbeeren gegen Pilzkrankheiten zur Seite steht.

In Kürze

- Ansprüche: Sonniger, humusreicher, durchlässiger Boden, ansonsten anspruchslos, Mittelzehrer
- Aussaat/Pflanzung: Oktober, Frühjahr
- Abstand: Reihenabstand ca. 30 cm, innerhalb der Reihe ca. 15 cm, 5 cm tief

In milden Klimaregionen lohnt sich auch noch eine Aussaat bzw. das Stecken der Knollen bis Ende März. Im Frühjahr gesteckte Zehen bringen etwas kleinere Knollen hervor. Sobald das Laub zu zwei Dritteln gelb geworden ist, kannst du den Knoblauch ernten und lagern (siehe Seite 124).

Zwiebeln (*Allium cepa*)

Bei der Zwiebel gibt es Sommer- und Winterkulturen. Beide Kulturen können direkt gesät, vorgezogen, oder auch gesteckt werden. Während Steckzwiebeln mitunter unerkannte Viruserkrankungen in sich tragen, die sich dann im Bestand ausbreiten, kommt das bei gesäten Zwiebeln nicht vor. Steckzwiebeln wiederum haben den Vorteil, dass sie rascher anwachsen und Unkraut weniger stark in Konkurrenz mit den kräftigen Pflanzen steht. Man kann Zwiebeln auch als Jungpflanzen im 3er- oder 5er-Verband kaufen und sie ohne Vereinzeln auspflanzen. Diese sogenannte Horstkultur ist auch eine schöne Variante für Kübel. Kompostgaben und ausreichende Bewässerung, wie auch regelmäßiges Hacken und Unkrautjäten sind wichtig. Sobald das Laub zur Hälfte gelb geworden ist und umknickt, kannst du die scharfen Schätze ernten.

In Kürze

- Ansprüche: Mittelschwere Böden und windoffene Standorte, wo das Laub rasch abtrocknet, Mittelzehrer.
- Aussaat/Pflanzung: März/April, September/Oktober
- Abstand: Zwischen den Reihen 20–25 cm, in der Reihe 5–8 cm, 3–4 cm tief, wobei die Spitze noch aus der Erde schauen sollte.

Kürbis und Zucchini

In Kürze

Ansprüche: Humoser Boden in sonniger Lage, gute Wasserversorgung, Anbau gelingt auch auf normalen und trockenen Böden, Starkzehrer.

Aussaat/Pflanzung: Voranzucht 3–4 Wochen vor Pflanzung, im Freien Mitte Mai, es sollten sich nach den Keimblättern 3–4 Laubblätter gebildet haben; vor dem Auspflanzen immer wieder an der frischen Luft abhärten, damit sie sich an Sonne, Wind und Temperatur gewöhnen.

Abstand: Kürbis: 1–2 m^2, Zucchini: 1 x 1 m

In den ersten Wochen der Wachstumsphase sollte durch regelmäßiges Hacken Unkraut unterdrückt werden. Mulchen mit Heu, Stroh oder angetrocknetem Rasenschnitt hilft, Wasser zu sparen. Fällt die Zeit der Blütenbildung in eine Trockenperiode, sind gelegentliche Wassergaben förderlich für die spätere Fruchtbildung. Als Starkzehrer sind

Kürbisse dankbar für Kompostgaben, vor allem während der Fruchtausbildung.
Kürbisgewächse sind strenge Fremdbestäuber, daher ist es wichtig, dass immer eine zweite Pflanze pro Art in der Nähe gepflanzt wird. Bei Kürbissen, Gurken, Zucchini und Melonen sitzen nämlich männliche und weibliche Blüten getrennt voneinander auf derselben Pflanze. Die männlichen Blüten haben nur einfache, dünne Stiele, die weiblichen sind erkennbar am verdickten Stiel – als Minifrucht – unter der Blütenkrone. Unbefruchtet entwickelt sich die Frucht nicht, sondern fällt bald nach dem Verblühen ab.
Es gibt in der Welt der Kürbisgewächse eine sehr große Sortenvielfalt. Von drei Arten sind zahlreiche Speisekürbissorten erhältlich. Hier in der Tabelle listen wir nur beispielhaft jeweils drei populäre Vertreter davon:

KÜRBISARTEN

Pepo-Kürbis (*Cucurbita pepo*)	Winterkürbis (*Cucurbita maxima*)	Moschuskürbis (*Cucurbita moschata*)
Zucchini, Zucchetti	Buttercup	Butternuss
Steirischer Ölkürbis	Riesenmelone	Langer aus Neapel
Diverse Zierkürbisse	Turbankürbis	Muscade de Provence

Die Kürbisernte ist sortenabhängig. Zucchini werden nach ca. fünf Wochen regelmäßig im Schnitt zweimal pro Woche geerntet. Die etwa 20 cm langen Früchte sind am geschmackvollsten. Kürbisse erntet man, wenn der Fruchtstiel hart und holzig ist und beim Anklopfen hohl klingt.
Kürbisse sind relativ pflegeleicht und haben wenige Pflanzenschutzprobleme. Häufiger auftretende Krankheiten sind der Echte Mehltau und das Zucchini-Gelbmosaikvirus bei Zucchini, das durch Blattläuse übertragen wird. Pflanzenstärkung und Mischkultur fördern das gesunde Wachstum.

NATUR im GARTEN Tipp

Start im Freiland

Für einen guten Start im Beet ist das Abhärten wichtig. Die Pflanzen sollten bei sinkenden Temperaturen (5 °C) oder Spätfrösten durch Vlies oder Stroh geschützt werden.

NATUR im GARTEN Tipp

Echter Mehltau

Mehltau ist ein Zeichen für den Alterungsprozess bei Zucchini. Du erkennst ihn ganz einfach am weißlichen Belag auf Blättern und Stielen. Schneide diese Blätter am Stängelgrund ab – keine Sorge, die Pflanze treibt an der Triebspitze laufend gesunde Blätter nach.

Weibliche Kürbisblüte.

Salate

Der Anbau von Salaten ist unkompliziert, der Flächen- und Düngebedarf gering, die Zeit bis zur Ernte recht kurz. Salate sind außerdem vielfältig im Geschmack und stecken voller Vitamine, daher sollten sie regelmäßig auf unserem Speiseplan und in Gemüsebeeten stehen.

In Kürze
Ansprüche: Lockerer, humoser Boden mit gutem Wasserhaltevermögen, Lichtkeimer, Schwachzehrer
Aussaat/Pflanzung: Sortenabhängig ab Februar im Frühbeet, ab März/April im Freiland und dann im Sommer, für die späte Ernte im Herbst und Winter
Abstand: Sortenabhängig ca. 20–30 cm zwischen den Reihen, 10–30 cm in der Reihe

Salate können gesät und gepflanzt werden. Am besten pflanzt du an bedeckten Tagen, damit die kleinen Wurzeln durch die Sonne nicht gleich austrocknen. Setze die Salatpflänzchen nicht zu tief, sondern besser etwas erhöht, sodass der Wurzelhals frei auf dem Beet steht. So können sich vor allem bei Kopfsalaten schönere Köpfe ausbilden und die untersten Blätter stehen nicht feucht. Gleich nach der Pflanzung solltest du zumindest zweimal kräftig eingießen und mulchen. Später ist regelmäßiges, am besten morgendliches Gießen und gelegentliches Jäten wichtig. Auch das Kontrollieren und Absammeln von Schnecken empfehlen wir, wenn du am Ende etwas ernten möchtest. Kopfsalate brauchen viel Sonne, damit sie in wenigen Wochen einen kompakten Kopf ausbilden können. Schnitt- und Pflücksalate gedeihen in der Sonne und im Halbschatten gut und können regelmäßig gezupft oder geschnitten werden. Achte darauf, gesunde und der Jahreszeit entsprechende Sorten auszuwählen, und platziere Sommeraussaaten eher im Halbschatten. Säst oder pflanzt du bis in den September alle 14 Tage nach, gelingt die Selbstversorgung mit Salaten über das ganze Jahr.

Paprika und Chili (*Capsicum*)

In Kürze
Ansprüche: Sonniger, warmer, windgeschützter Platz, durchlässiger, nährstoffreicher Boden, Starkzehrer
Aussaat/Pflanzung: Vorkultur ab Februar, Pflanzung ab Mitte Mai; vor dem Auspflanzen immer wieder an der frischen Luft abhärten, um die Pflanzen an Sonne, Wind und Temperatur zu gewöhnen.
Abstand: 60 cm zwischen den Reihen, 40–50 cm in der Reihe

NATUR im GARTEN Tipp

Für eine reiche Paprikaernte

Brich mit deinen Fingern die allererste Blüte, die sogenannte „Königsblüte“, aus. Dadurch entwickelt die Pflanze viele Blätter und viele weitere Blüten. Bei zu vielen Blüten solltest du immer mal wieder welche ausbrechen, damit die Pflanze ihre Früchte auch versorgen und zu voller Größe ausbilden kann.

Als Pflegemaßnahmen sind regelmäßiges Hacken im Wurzelbereich und Gießen wichtig. Die Pflanzen brauchen viel Wasser für einen guten Blütenansatz, und sie vertragen hohe Luftfeuchtigkeit. Großfruchtige Paprika brauchen im Freiland ein Stützgerüst, das sie vor dem Umfallen bei Sturm oder Starkregen bewahrt. Einfache Stützstäbe aus Holz reichen bei kleinfruchtigen Sorten im Hausgarten aus unserer Erfahrung aus. Erntereif sind Paprika und Chilis, wenn sich ihre Farbe verändert; man nennt das Farbumschlag. Grüne Paprika sind, bis auf wenige Sorten, unreif. Rote, violette, orange, gelbe oder andersfarbige Früchte können am Stiel mit einer Gartenschere abgeschnitten werden. Sie reifen aber nicht gleichzeitig. Erntest du regelmäßig ein paar Früchte, setzt die Pflanze immer wieder neue Blüten an.

Paprika.

© Shutterstock/Tatevosian Yana

Paradeiser/Tomaten (*Solanum lycopersicum*)

In Kürze
Ansprüche: Geschützter, warmer, sonniger Platz, nährstoffreicher, humoser Boden, regelmäßige Düngergaben, Starkzehrer
Aussaat/Pflanzung: 8–10 Wochen vor der Auspflanzung vorziehen, nach Pikieren und Abhärten Mitte Mai auspflanzen, wenn keine Nachtfrostgefahr mehr besteht.
Abstand: 50 cm zwischen den Reihen und in der Reihe

Paradeiser sind farben- und formenreich.

Paradeiser sind eine eher pflegeintensive Gemüsekultur. Für gesundes Pflanzenwachstum sollte der Boden in den ersten Wochen gelockert, gejätet und gemulcht werden. Eine durchdachte Bewässerung (mit temperiertem Wasser bzw. Regenwasser) ist vor allem im Gewächshaus bei hohen Temperaturen und starker Verdunstung wichtig. Stabtomaten werden durch Pfähle oder Stäbe gestützt oder mit Schnüren aufgeleitet. Das regelmäßige Aufleiten und Ausgeizen ist wichtig, um gute Erträge zu erzielen. Die untersten Blätter werden entfernt, um Pilzinfektionen vorzubeugen und eine ordentliche Luftzirkulation zu fördern. Diese Arbeit kannst du dir aber sparen, wenn du dich für Buschtomaten entscheidest. Sie brauchen weder aufgebunden noch ausgegeizt zu werden, bringen aber durch das geringere Blattvolumen auch weniger Ertrag. Schafwolle oder Schafwollpellets sind stickstoffreich und der perfekte biologische Langzeitdünger für die nährstoffhungrigen Paradeiser. Gib sie ins Pflanzloch und deine Pflanzen werden es dir danken. Auch eine Flüssigdüngung im zweiwöchigen Rhythmus mit Brennnessel- oder Beinwelljauche ist empfehlenswert (siehe Seite 114). Paradeiser wurden früher üblicherweise im Freiland angebaut. Heute wachsen sie immer häufiger im Gewächshaus, Tomatenhaus oder Folientunnel. Dort können sich Pilzkrankheiten wie die Kraut- und Braunfäule nicht so leicht etablieren. In feuchten Jahren werden Freilandtomaten rasch befallen und sterben innerhalb kurzer Zeit ab. Nasses Laub und hohe Luftfeuchtigkeit sind die optimalen Bedingungen für den gefürchteten Pilz. Um die Übertragung der Kraut- und Braunfäule zu verhindern, ist auf konsequente Hygienemaßnahmen zu achten. Kranke Pflanzenteile sollten immer rasch entfernt werden. Hat die Erkrankung schon auf den Haupttrieb übergegriffen, entferne lieber die ganze Pflanze, bevor du deinen Bestand gefährdest. Vorzeitig abgenommene Früchte reifen auch in grünem Zustand an einem hellen Ort nach. Das Gleiche gilt auch für die finale Ernte zu Saisonende. Der Vorteil beim Anbau im Gewächshaus oder Folientunnel ist, dass die Pflanzen schon bei kühleren Außentemperaturen gepflanzt werden können. Wichtig dabei ist, dass Temperaturschwankungen genau beobachtet werden. Bei warmen Temperaturen tagsüber ist für eine gute Durchlüftung zu sorgen, um den Schädlingsdruck von Spinnmilben oder Blattläusen gering zu halten. Es gibt aber immer mehr widerstandsfähige Tomatensorten, die für den Hausgarten im Freiland geeignet sind (z.B.: **www.arche-noah.at/sortenerhaltung/sorten-entwickeln/das-bauernparadeiser-projekt**).

NATUR im GARTEN *Tipp*

Krankheiten vorbeugen

Reinige Pfähle, Stäbe und Drähte vor jeder neuen Saison mit kochend heißem Wasser oder mit 70%igem Alkohol.

Obst, Beeren und Nüsse

Obst aus dem eigenen Garten kann voll ausgereift genossen werden, ist bei entsprechender Bewirtschaftung garantiert pestizidfrei und erhöht die Artenvielfalt.

© Natur im Garten/M. Beneš-Oeller

© Natur im Garten/M. Beneš-Oeller

Das klassische Obst zum Einlagern sind Winteräpfel und -birnen. Geeignete Lagerräume vorausgesetzt, machen sie einen Großteil der Obstgehölze im Frischobst-Selbstversorgergarten aus.

Nicht nur für Kinder birgt es mannigfaltige Erlebnisse. Obst und Beeren, frisch von Baum, Strauch oder der Staude genascht, bleiben ein Leben lang in Erinnerung. Ein Naschgarten kann sogar auf Balkon oder Terrasse, in Töpfen, Trögen und Hochbeeten verwirklicht werden.
Gänzliche Selbstversorgung mit Obst aus dem Garten hängt aber auch unmittelbar mit Lagerhaltung und Haltbarmachung zusammen, wenn viel auf einmal reif wird. Mehr Infos dazu findest du ab Seite 120.

Unterschiedliche Wuchsformen und Sorten

Die Größe der Bäume kann sehr unterschiedlich ausfallen, abhängig vom Standort, der Art und der Veredelungsunterlage. Als Unterlage bezeichnet man die Sorte, aus der Wurzelwerk und Stammgrund bestehen. Auf diesen ein- bis dreijährigen Jungbaum wird in Baumschulen das Edelreis gesetzt, in dem Knospen oder ganze Triebe jener Sorte angebracht werden, die später Stamm, Krone, Blattwerk und Früchte entwickelt. All das wirkt sich auch auf die Erziehungsform aus, inklusive der Wahl der Stammhöhe. Kleine Baumformen wachsen oberirdisch und unterirdisch schwächer. Deshalb brauchen Säulenobstbäume ihr Leben lang eine Stütze. Sie tragen früher, oft schon im Jahr nach der Pflanzung, sind dafür aber nicht so langlebig.
Außerdem gibt es von fast allen Obstarten frühe, mittlere und späte Sorten. Auch wenn beispielsweise eine einzelne Marillen-/Aprikosensorte nur ein Erntefenster von bis zu drei Wochen hat, kann sich die Ernte von verschiedenen Sortenbäumen über mehrere Monate erstrecken. Wenn du Sorten geschickt kombinierst, kannst du also entweder darauf hinarbeiten, viel in kurzer Zeit zu ernten oder den gleichen Ertrag auf kleinere Portionen zu verteilen und das Erntefenster deutlich zu strecken.

Platzbedarf und Erntezeit

Pflanze nur, was du auch ernten und verarbeiten kannst. Berücksichtige bei der Gartenplanung die Endgröße der Pflanzen, vor allem bei Bäumen: Pflanzabstände im Ausmaß des prognostizierten Kronendurchmessers und ein halber Kronendurchmesser Sicherheitsabstand zu Grundstücksgrenzen geben den Pflanzen von Anfang an den Raum, den sie später brauchen.

Diese Abbildung stellt dar, wie sich ein Hochstamm entwickelt. © Natur im Garten/A. Leithner

EDLE KLASSIKER UND „EXOTEN"

Obstart	Pflanzabstand in m					Reifezeit
	Hochstamm	Halbstamm	Busch	Spindel	Säule	
Apfel und Birne	bis 10 m	Bis 8 m	ca. 4 m	1 –3 m	ca. 1 m	August bis Oktober, je nach Lagerung
Feige		3–4 m	3–4 m			Sommer und Herbst
Kaki	3 m					Oktober/November, nach dem Blattfall
Kirsche	10 m	6–8 m	3–5 m		ca. 1 m	Mai bis Juli
Marille	6–8 m	4–5 m	3–4 m	ca. 2 m	ca. 1 m	Mitte Juni bis Anfang September
Mispel	4–5 m	3–4 m	3–4 m			November/Dezember nach Frost und Lagerung
Papau			3–4 m			September/Oktober
Pfirsich, Nektarine	2–6 m	4–5 m	3–4 m	ca. 2 m	ca. 1 m	Juli bis September
Pflaume, Zwetschke	6–8 m	4–5 m	3–4 m	ca. 2 m	ca. 1 m	August/September
Quitte	ca. 5 m	ca. 4 m	ca. 2 m			Oktober/November
Weichsel	6–8 m	4–5 m	3–4 m	ca. 2 m	ca. 1 m	Juni/Juli

SCHALENOBST: NÜSSE UND MARONI

Obstart	Pflanzabstand in m			Reifezeit
	Hochstamm	Halbstamm	Busch	
Haselnuss			2–5 m	August bis Oktober
Mandel	4–10 m		Zwergform 1,5–2 m	September bis Oktober
Maroni	Europäische 15–20 m	Chinesische 8–10 m	Chinquapin	Mitte September bis November
Walnuss	10–15 m	Sorten 6–8 m	3–5 m	Oktober

BEERENOBST UND RANKPFLANZEN

Obstart	Wuchsform/Besonderheiten	Pflanzabstand	Reifezeit
Brombeere, aufrecht wachsend	Spalier, Pfahl	1 m	August bis Oktober
Brombeere, rankend	Spalier, Busch	3 (bis 5) m	August bis Oktober
Erdbeere	Staude	0,3 m	Juni/Juli oder auch später
Gojibeere	Spalier, Busch	1 m	Juni bis August
Heidelbeere	Busch	1,5–2 m	Juli bis September
Himbeere	Spalier	0,4–0,6 m	Juni bis Oktober
Johannisbeere, rot	Busch, Stämmchen, Spindel	1,5–2 m	Juni/Juli
Johannisbeere, schwarz	Busch	2 m	Juli
Johannisbeere, weiß	Busch, Stämmchen, Säule	1,2–1,5 m	Juni bis August
Jostabeere	Busch	2,5 m	Juli
Maibeere	Busch	1–1,5 m	Mai/Juni
Minikiwi, rankend/windend	Spalier, Säule	2–3 m	Oktober
Stachelbeere	Busch	1,2–1,5 m	Juni/Juli
Taybeere	Spalier	0,8–1 m	Juni bis August
Weintraube, rankend	Spalier, Pfahl	3–4 m	August bis Oktober

WILDOBST MIT FRUCHTSORTEN

Obstart	Wuchsform	Pflanzabstand	Reifezeit
Apfelbeere/Aronia	Rundlicher Strauch	ca. 1,5 m	September
Eberesche/Vogelbeere	Kleinbaum	ca. 4 m	September bis Winter
Felsenbirne	Strauch	3–4 m	Juni/Juli
Kornelkirsche/Dirndl	Kleinbaum	3–4 m	September
Kriecherl	Baum, Großstrauch	3–5 m	August/September
Sanddorn	Sparriger Strauch für sandigen Boden, zweihäusig	ca. 2 m	September
Schlehdorn	Strauch, kleiner Baum; bildet Wurzelausläufer, hat Dornen	3–4 m	Dezember
Schneeball Fruchtsorten	Strauch oder Baumform, nicht alle roh genießbar	3–4 m	September bis Winter
Schwarzer Holunder	Strauch oder Baumform, Blütenfülle, Früchte nur gekocht verwenden	4 m	August/September
Wildrose	Strauch bis rankend	je nach Art 1–3 m	Ende September, tiefrote, noch feste Früchte
Weißdorn	Baum, Strauch	3 m	September/Oktober
Zier-/Scheinquitte (*Chaenomeles*) 'Cido'	Kleiner Strauch mit hübschen Blüten, „Nordische Zitrone“	1–1,5 m	September

Selbststeril oder nicht?

Einige klassische Obstarten sind selbststeril und brauchen deshalb eine zweite Sorte in der Nähe als Befruchter. Wenn nicht in den Nachbargärten entsprechende Pflanzen bereits vorhanden sind, solltest du von ihnen daher zumindest zwei Sorten pflanzen.

Das betrifft:

- Apfel, Birne, Kirsche
- Manche Erdbeersorten, z. B. 'Mieze Schindler'
- Kakis sind je nach Art bzw. Sorte einhäusig oder zweihäusig. Die bei uns angebauten Kakis können aber, ebenso wie einige Birnen, auch ohne Befruchtung Früchte ausbilden, die dann kernlos sind.
- Kiwis sind, bis auf selbstfruchtbare Sorten, meist zweihäusig, d. h. weibliche und männliche Blüten sitzen auf verschiedenen Pflanzen. Kombiniere für eine gute Befruchtung ein Männchen mit mehreren weiblichen Pflanzen.
- Lenzbeere/Maibeere
- Mandel
- Maroni
- Papau
- Rundpflaumen, wie Kriecherl und Mirabelle

Dagegen kommen Marillen – zumindest alte Sorten – Pfirsiche und Nektarinen, Ovalpflaumen wie die Hauszwetschke, Walnuss und Weichseln/Sauerkirschen in der Regel ohne Befruchtungspartner aus. Auch viele Erdbeersorten und in jedem Fall Beerenobst wie Brombeere, Himbeere, Johannis- und Stachelbeere, Granatapfel, Haselnuss, Mispel, Quitte und Weintraube sind in der Lage, sich selbst zu bestäuben. Fremdbefruchtung verbessert aber in jedem Fall Fruchtansatz und -qualität.

Die Ansprüche

So gut wie alle Obstarten lieben durchlässigen Boden und viel Sonne, um reichlich zu blühen und Früchte zu produzieren, selbst wenn Beerenobst auch im Halbschatten noch gedeiht. Apfel, Zwetschke und Weichsel tolerieren ebenfalls Halbschatten und zusätzlich etwas feuchtere, dichtere Böden. Sie kommen auch in Höhenlagen zurecht, vor allem, wenn es sich um frühe Sorten handelt, die auch in einer kurzen Saison bis zur Reife gelangen. In tiefen Lagen mit Kaltluftseen haben hohe Baumformen dieser Obstarten den Vorteil, dass sich ihre Krone mit den empfindlichen Blüten darüber erhebt. Birnen und Kirschen benötigen mehr Wärme.
Die größte Hitze aber lieben Wein und Feige, gefolgt von Marille, Mandel, Pfirsich und Walnuss. Sie alle sind im trocken-warmen Weinbauklima besonders gut aufgehoben. Werden sie an Hängen gepflanzt, sollten sie weit genug oben stehen, weil die kalte Luft nach unten fließt.
Mit Ausnahme von Maroni, Pfirsichsämlingen, Heidel- und Preiselbeeren ist unser Obst durchweg kalkverträglich. Heidelbeeren werden in kalkreichen Gegenden am besten in Töpfen mit torffreier Moorbeeterde kultiviert und mit Regenwasser gegossen. Gießt du die saure Erde nämlich mit kalkhaltigem Leitungswasser, erhöht sich der pH-Wert durch das Gießen und spätestens im zweiten Jahr beginnen die Heidelbeeren zu kümmern. Bei den Bäumen kann eine kalkverträgliche Unterlage helfen.
Fast all unser Kulturobst stammt ursprünglich aus Asien bis Kleinasien. Es ist durchaus legitim, auch mit weiteren Newcomern zu experimentieren, vor allem im Hinblick auf den Klimawandel. Papau, Maulbeere und Kaki, Minikiwi und Kiwi sind mittlerweile ohnehin fast schon eingebürgert. Sogar der Granatapfel ist im Weinbauklima in geschützten, erhöhten Lagen auch in Mitteleuropa im Freien überlebensfähig.

Wildobst oder Kulturobst?

Es hat meist einen Grund, warum sich gewisse Arten mehr etabliert haben als andere. Wildobst ist oft mühsamer zu verar-

Schlehen passen hervorragend in eine Wildstrauchhecke. © Natur im Garten/M. Liehl-Rainer

beiten, hat weniger Fruchtfleisch, mehr und größere Kerne, ist herber, saurer und häufig auch mühseliger zu ernten oder zu verarbeiten. Sehr oft kommt man ohne ein Passiergerät wie die „Flotte Lotte" nicht aus. Papau, Minikiwi und Mispel sind – einmal gereift – nur wenige Tage haltbar und deshalb selten im Handel zu finden. Kriecherlmarmelade (eine Marmelade aus einer wilden Pflaumenart) hat eine erfrischende Säure; die kleinen Früchte vom Kern zu befreien, der sich gar nicht leicht vom Fruchtfleisch trennt, ist etwas mühsam. Wildobst lässt sich dafür als pflegeleichte Naturhecke pflanzen, die der Vielfalt im Garten zugutekommt, Insekten, Vögeln und anderen Tieren des Gartens Nahrung und Unterschlupf bietet.

Bäume schaffen Räume

Wer nur einen kleinen Garten besitzt, schreckt oft vor der Pflanzung eines raumgreifenden Hochstammbaums zurück. So ein Hausbaum schafft aber, wenn sich die Krone einmal entwickelt hat, einen im Sommer beschatteten, gut klimatisierten, behaglichen Aufenthaltsraum, während er im Winter das Licht durchlässt. Blüten und Herbstfärbung sind eine Zier, die Artenvielfalt von Insekt bis Vogel wird erhöht und damit auch das Gartenerlebnis – nicht nur für Kinder.

Die Sortenwahl

Der Verein „Arche Noah" bietet unter https://meineobstsorte.at/Obstsortenliste_www.meineobstsorte.pdf eine Obst-Sortenliste an. ein Auswahltool für alte

Bäume sind unverzichtbar für die Gestaltung von „grünen" Lebensräumen. © Natur im Garten/A. Haiden

Sorten an. Hier kann man die gewünschte Geschmacksrichtung (süß/säuerlich/aromatisch), Einsatzmöglichkeiten (etwa für Rohgenuss, Marmelade oder anderes), Erntezeitpunkt und Lagermöglichkeiten, Ansprüche an Klima und Standort nachlesen und die passende Sorte auswählen. Aber es gibt auch sehr gute moderne Sorten, sowohl was den Geschmack als auch die Pflanzenrobustheit betrifft. Um die richtige Sorte zu finden, lohnt es sich, an Obstverkostungen teilzunehmen.

Obst-Klone versus Sämlinge

Wenn du genaue Vorstellungen davon hast, welche Früchte in ein paar Jahren am gepflanzten Baum hängen sollen, brauchst du einen Sortenbaum, und den erhältst du nur durch Veredelung.

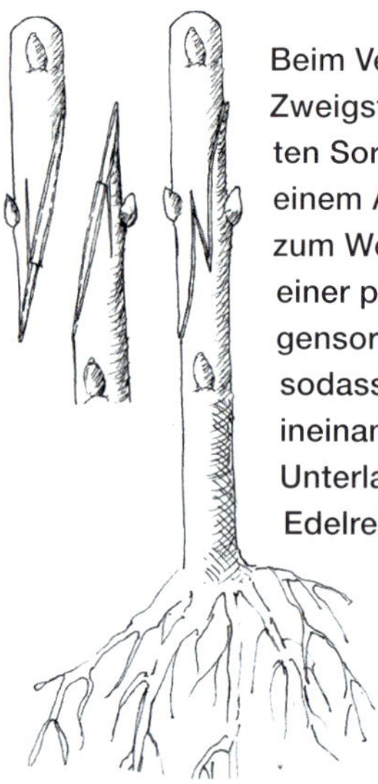

Beim Veredeln wird ein Zweigstück der gewünschten Sorte mit zumindest einem Auge (einer Knospe zum Weiterwachsen) mit einer passenden Unterlagensorte verbunden, sodass die beiden ineinanderwachsen. Die Unterlage stiftet dem Edelreis somit die Wurzeln und ein Stück vom Stamm. Aus zwei Pflanzen wird eine. © Natur im Garten/A. Leithner

Rechts: Die Veredelungsstelle ist später manchmal als Wulst am Stamm erkennbar, insbesondere dann, wenn die Wuchskraft von der Unterlage und die von der Edelsorte nicht übereinstimmen und einer der beiden Teile unverhältnismäßig stark in die Breite wächst. © A. Leithner

Augen auf beim Baumkauf!

Als Handelsformen bieten Baumschulen Gehölze wurzelnackt, mit Erdballen oder in Containern an.

Wurzelnackt, also frei von Erde, erschließen Gehölze den neuen Boden besonders schnell. Sie werden dafür nach dem Laubfall oder spätestens vor dem Austrieb ausgegraben, bis zur Pflanzung an einem Schattenplatz in Erde oder Sand eingeschlagen und gleichmäßig feucht gehalten. Erhältlich sind sie in dieser Form vor allem im Oktober/November und März/April. Vor

Wurzelnackte Baumware. © A. Leithner

Ballenware. © Natur im Garten/M. Liehl-Rainer

der Pflanzung werden sie einige Stunden in ein Gefäß mit Wasser gestellt, beschädigte Wurzeln entfernt und auch obenherum wird ein beherzter Pflanzschnitt vorgenommen. Dieser Schnitt ist bei wurzelnackten Gehölzen besonders wichtig, um das Gleichgewicht zwischen Wurzeln und Krone herzustellen und den Wuchs anzuregen.
Mit Ausnahme frostempfindlicher Arten, wie Walnuss, Pfirsich und Weintraube, ist der Herbst, von Oktober bis November, die ideale Zeit für die Pflanzung von Obstgehölzen, weil sie im winterfeuchten Boden bereits anwurzeln können.

Containerpflanzen (aus Töpfen) können das ganze Jahr über gepflanzt werden, benötigen dann aber anfangs, wenn sie noch nicht tief verwurzelt sind, eine gute Wasserversorgung. Regional produzierte Gehölze sind bestens an das Klima und den Boden angepasst.
Bei Bäumen sollte der Stamm gerade sein: ein durchgehender Leittrieb mit Seitenzweigen oder bereits Ästen in genügendem Abstand, sodass sie nicht miteinander konkurrieren. Der Baum sollte außerdem keine Zwieselkrone mit zwei Haupttrieben oder v-förmige Haupttriebe aufweisen. Sie sind anfälliger für Bruchschäden.
Bäume, die mehrmals verschult, also fachgerecht verpflanzt wurden, zeigen gleichmäßige und gut verzweigte Wurzeln mit hohem Feinwurzelanteil.
Bei **Ballenware** sollte der Ballen genügend groß, durchwurzelt und fest sein. Wurzeln in loser Erde entsprechen nicht den Qualitätsanforderungen.

Pflanzen und pflegen

Vorbereitung: Die Pflanzung sollte möglichst rasch nach dem Kauf durchgeführt werden. Zuvor werden beschädigte Wurzeln entfernt und der ganze Ballen eine Stunde in einen Kübel mit Wasser gestellt. Bei Containerpflanzen werden dichte, verfilzte Wurzeln aufgerissen und entwirrt. Das ist besonders wichtig, wenn die Wurzeln im Topf schon im Kreis gewachsen sind; sie würden diesen Drehwuchs sonst auch später nicht ablegen und keinen gesunden, tief reichenden Wurzelballen ausbilden.

Pflanzung: Hebe das **Pflanzloch** breiter und tiefer aus, als der Wurzelballen groß ist. Eine Ausnahme bilden Bäume, die schon 3 m groß sind und einen entsprechend schweren Wurzelballen haben. Bei ihnen gräbst du die Grube nur so tief aus, wie der Ballen hoch ist, und lässt rundherum seitlich großzügig Platz für ein passendes Substrat. Bei Bäumen wird bereits jetzt der **Stützpfahl** auf der Hauptwindseite eingeschlagen, damit er ungestört einwurzeln kann. Bei einem sehr windigen Standort bewähren sich zwei oder gar drei Pfähle. Lockere den Boden der Grube etwas, setze den Baum hinein und fülle mit einer Erde-Kompost-Mischung auf. Die Pflanze sollte gleich hoch sitzen, wie sie vorher in der Erde im Topf stand – erkennbar an der helleren Rindenfarbe der Wurzel. Bei

NATUR im GARTEN Tipp

Fragen hilft

Man sieht den Jungbäumen nicht an, wie groß sie werden können. Baumetiketten verraten meist die Obstart und Sorte, eine kurze Beschreibung der Frucht und etwaige Bestäubersorten. Lass dich in der Baumschule dazu beraten, damit du dich nicht nach wenigen Jahren schweren Herzens von einer viel zu starkwüchsigen Sorte trennen musst.

https://www.naturimgarten.at/unser-angebot/unsere-partnerbetriebe.html

Bäumen sollte die Veredelungsstelle nach der Pflanzung mindestens eine Handbreit oberhalb der Erde sein. Johannisbeeren und Rosen, die sich von der Basis weg verzweigen sollen, kannst du einige Zentimeter tiefer pflanzen. Bei Bedarf kannst du ein Drahtgitter als Wühlmausschutz mitvergraben.
Das Pflanzloch wird nun mit Pflanzerde und Aushuberde verfüllt, fest angetreten, ein Gießrand geformt und gewässert. Befestige den Baum mit breitem Bindematerial, z. B. Juteband, am Pfahl, dabei sollte er nicht eingeschnürt, aber gut gehalten werden, damit er durch die Windbewegung nicht am Pfahl scheuert. Wenn er nicht schon in der Baumschule gemacht wurde, solltest du spätestens jetzt den Pflanzschnitt vornehmen, mit dem du die spätere Kronenform festlegst.

Pflege: Nach 2–3 Jahren hat der Baum eine stabile Wurzelverankerung entwickelt und du kannst die Stützpfähle entfernen. Bis dahin solltest du am besten monatlich die Anbindung kontrollieren. Neben Stammverletzungen durch Rasenmäher stellen Einschnürungen der Anbindung oder Scheuerstellen an Pfählen die häufigsten Ursachen für Jungbaumverletzungen dar. In den ersten Jahren ist eine regelmäßige Wasserversorgung wichtig. Jährliche Kompostgaben werden mit zügigem Wachstum belohnt.

Richtig schneiden

Das Schneiden von Obstbäumen ist eine Wissenschaft für sich und einige Erfahrung ist vonnöten, um nichts falsch zu machen. Einige grundsätzliche Prinzipien möchten wir dir an dieser Stelle aber erklären:
Man unterscheidet generell zwischen dem Winterschnitt und dem Sommerschnitt. Der Winterschnitt bietet meist eine bessere Übersicht als der Sommerschnitt im vollbelaubten Zustand. Bei robusten Kernobst- und Zwetschkenbäumen kann man im Januar starten, wenn sie allmählich beginnen, aus der Winterruhe zu erwachen; bei kälteempfindlichem Steinobst wartet man besser auf den Frühling und auf eine trockene, milde Phase. Sobald die Bäume ihren Saftstrom wieder bis in alle Triebspitzen schicken, können sie generell ihre Schnittwunden besser versorgen.
Äste ab einem Durchmesser von 3 cm werden besser im Sommer geschnitten, nicht nur wegen der besseren Wundversorgung, sondern auch, weil starker Rückschnitt im Winter das Wachstum von Gehölzen ganz besonders ankurbelt, während der Schnitt im Sommer es eher bremst und den Fruchtansatz fördert. Deshalb werden auch Säulenbäume und Obsthecken Ende Juni geschnitten und in der Breite begrenzt.
In der Darstellung unten rechts sind die drei wichtigsten Schnitttechniken dargestellt:

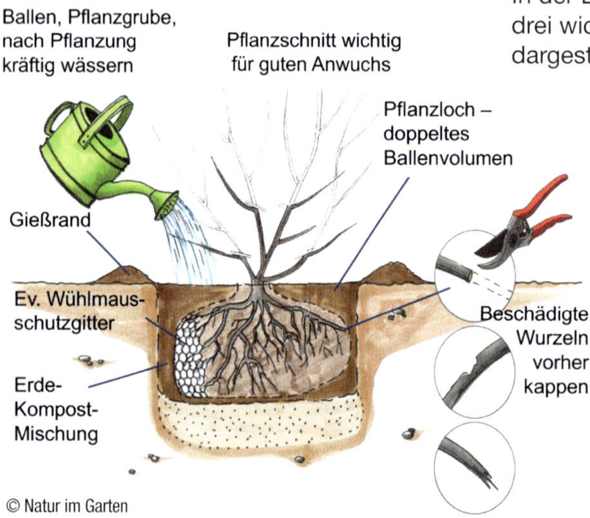

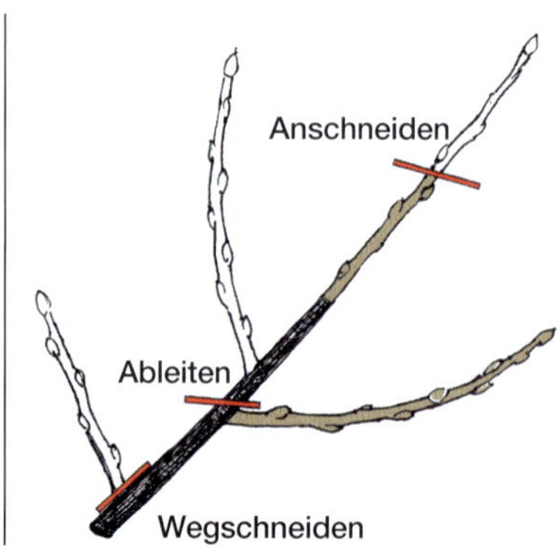

Anschneiden/Einkürzen regt das Wachstum an, erzeugt viele Holztriebe und eignet sich zum Erziehen und Verjüngen.
Ableiten steuert den Wuchs in die gewünschte Richtung. Je waagerechter der Ast, desto stärker die Blütenbildung, er darf sich jedoch nicht nach unten neigen.
Wegschneiden entfernt unerwünschte Triebe, reduziert so die Konkurrenz der Triebe untereinander und lichtet die Krone aus.

Beim Ableiten wählt man einen Trieb in die passende Richtung aus und entfernt die Zweigabschnitte, die darüber hinauswachsen, so als wären sie nie dagewesen. Der Baum findet dadurch keine „angeschnittene Sackgasse“ vor, sondern kann seinen Saftstrom in aller Ruhe in den neuen Haupttrieb bis zu einer Endknospe leiten, von der aus er bestrebt ist weiterzuwachsen. Wer aber möchte, dass ein Langtrieb stark weiterwächst und sich verzweigt, schneidet ihn im Winter knapp ober- bzw. außerhalb einer Knospe an und kürzt ihn etwa dort, wo er sich verzweigen soll. Das ist vor allem im Rahmen der Baumerziehung sinnvoll, damit der junge Baum ein lockeres, gut verteiltes und tragfähiges Astgerüst aufbaut.
Treten vermehrt Wasserschosser auf, d. h. „Antennen“, die aus dickeren Ästen pfeilgerade nach oben wachsen, sollte generell weniger und im Sommer geschnitten werden. Vor allem sollten keine Triebe eingekürzt werden, sondern gänzlich an der Basis entfernt oder abgeleitet werden. Kurztriebe unter 20 cm lässt man in jedem Fall unberührt am Baum. Sie setzen tendenziell im nächsten Jahr Fruchtknospen an, und zwar umso eher, je flacher sie stehen.

Beerenobst schneiden

Die einjährigen Ruten von Wildrosen, Johannis- und Stachelbeeren sind meist unverzweigt und blühen noch nicht. Die meisten Blüten und Beeren finden sich an den zwei- und dreijährigen locker verzweigten Trieben. Beim Schnitt werden mindestens vier Jahre alte, zu stark und kleinteilig verzweigte, vergreiste und kranke Triebe direkt an der Basis komplett entfernt und ca. 9–12 Äste stehen gelassen: jeweils 3–4 Jungruten, zweijährige Äste und dreijährige mehrfach verzweigte. Jungruten haben eine grüne Rinde, die im Lauf der Jahre immer dunkler wird.

Bei Sommerhimbeeren und -brombeeren müssen die Jungruten einmal überwintert haben, um zu tragen. Bei Herbsthimbeeren hingegen tragen die langen Ruten schon im ersten Jahr. Bei Brombeeren – bei aufrechten ebenso wie bei rankenden Sorten – werden die Seitenverzweigungen der langen Jungruten laufend im Sommer oder spätestens im Frühjahr auf ca. zwei Blätter gekürzt. Sie können an einem Spalier oder Zaun gezogen werden oder an Pfählen.

Große Apfelvielfalt

60 Prozent der Obstbäume im Selbstversorgergarten sollten aufgrund der vielseitigen Verwendung Apfelbäume sein, 75–80 Prozent davon die sogenannten Winteräpfel. Viele dieser edlen Früchte tragen entsprechende Namen: Renette oder Königin, Kronprinz und Geheimrat. Sie werden erst durch Lagerung, also im Winter, genussreif und halten sich bis zur nächsten Saison. ‘Kronprinz Rudolf’ und ‘Boskoop’ sind nur zwei aus einer großen Vielfalt an Sorten.

Der kleinere, rundliche ‘Kronprinz Rudolf’ mit seinen roten Backen ist ein klassischer Kinderjausen- und Adventapfel.

Sie stammen beide aus dem goldenen Zeitalter der Pomologie (Apfelsortenkunde) und des Obstbaus, das von etwa 1770–1890 eine Vielzahl von auch heute noch bekannten und beliebten Sorten hervorbrachte. Auch Neuzüchtungen bewähren sich in Bezug auf guten Geschmack und Pflanzengesundheit. Sorten wie 'REBELLA'®, 'Resi'® oder 'REWENA'® wurden am Institut für Pflanzenzüchtung in Dresden-Pillnitz gezüchtet und sind resistent gegen verschiedene Schaderreger wie Schorf, Mehltau oder andere Krankheiten. Der Herbstapfel 'Liberty' bleibt sogar frei vom Feuerbrand.

Der 'Schöne aus Boskoop' ist seit 1856 bekannt und stammt aus den Niederlanden. Er zählt ebenfalls zu den Renetten, entwickelt starkwüchsige, weit ausladende Kronen, bevorzugt schwere, feuchte und kalkhaltige Böden und hat sich als robust gegen Feuerbrand erwiesen.

Allerdings ist er nicht zur Befruchtung für andere Apfelbäume geeignet. Außerdem neigt er – ebenso wie u. a. die berühmten Sorten 'Elstar' und 'Fuji' – zur Alternanz. D. h., Jahre mit starkem Fruchtbehang lösen sich mit Jahren fast ohne Früchte ab. Damit sind aber auch schon alle Nachteile dieser Sorte genannt, die mit ihren großen, säurebetonten Früchten vielfältig verwendbar und hervorragend fürs Kochen und Backen geeignet ist. Der 'Schöne aus Boskoop' wird in Österreich und Bayern zu den Lederäpfeln gezählt, da er eine leicht raue, ledrige Schale hat.

Haben wir alle sieben Zwetschken beisammen?

„Seine sieben Zwetschken beisammenhaben" heißt im österreichischen Sprachgebrauch so viel wie bereit sein zum Aufbruch mit dem, was man braucht. Tatsächlich sind Zwetschken einfache Früchte auf robusten Bäumen ohne große Allüren, dafür ist ihre Einteilung ungeheuer kompliziert. Das beginnt bereits bei der Definition, was überhaupt eine Zwetschke oder Zwetschge, Zwetsche oder Quetsche ist: Ist es nur das österreichisch-bayrische Synonym für den Begriff Pflaume? Die Echte Zwetschke (*Prunus domestica* subsp. *domestica*) hat längliche, außen dunkelblaue, weiß bereifte Früchte mit länglichen Kernen darin und blüht und reift als Frucht eher spät. Das Wichtigste: Ihr gelbes Fruchtfleisch löst sich leicht vom Kern. Eine sehr bekannte, ab den 1960er-Jahren weitverbreitete Sorte ist 'Čačaks' Beste. Die Hauszwetschke ist eine weitverbreitete, ertragreiche, alte Sorte mit eher kleinen Früchten, die auch in Höhenlagen noch gut gedeiht, durch ihr hervorragendes Aroma besticht und in der Regel erst spät reift. Für einen Zwetschkenkuchen vom Blech, in Bayern „Zwetschgendatschi" genannt, ist sie die Beste.

Mit kugeligen Früchten und beinahe kugeligem Kern, der meist am Fruchtfleisch haftet, beinhaltet die Gruppe der Edel-Pflaumen (*Prunus domestica* subsp. *italica*) oder Kultur-Rundpflaume neben der echten Edel-Pflaume auch noch die Ringlotte oder Reneklode, benannt zu Ehren der 1524 jung verstorbenen französischen Königin Claudia (Reine Claude). Die Früchte der echten Edel-Pflaumen sind rot bis blauschwarz gefärbt, die der Ringlotten (*Prunus domestica* var. *claudiana*) gelbgrün. Ein Beispiel wäre die 'Große Grüne Reneklode', eine alte und beliebte Einmachsorte, oder die köstlich süße 'Quillins Reneklode'.

Die Mirabelle (*Prunus domestica* subsp. *syriaca*) stammt ursprünglich aus Vorderasien, wird auch als Gelbe Zwetschke bezeichnet und oft mit der ebenfalls kleinen und kugeligen Kirschpflaume (*Prunus cerasifera*) verwechselt. Die Mirabelle hat aber eine süßere, mattere Haut als die Kirschpflaume, löst sich gut vom Stein und blüht außerdem wesentlich später. Da sie so süß ist (auch die Schale) und sich bequem essen lässt, eignet sie sich hervorragend als Tafelobst für den Rohgenuss.

Der Kriecherlbaum oder -strauch (*Prunus domestica* subsp. *insititia*) mit seinen vielen kleinen Früchten in den verschiedensten Farben hat einen straff aufrechten Wuchs

Auf dem Verkostungsrad von rechts oben nach unten: gelbgrün Bellamira, die kleinere 'Mirabelle von Nancy', blaues Kriecherl, 'Quillins Reneklode', Apfel 'Elstar' © Natur im Garten/A. Leithner

'Mirabelle von Nancy' lädt von August bis Mitte September zum Naschen ein. © Natur im Garten/A. Leithner

und neigt zur Wurzelbrut, das sind Triebe, die in Stammnähe aus den Wurzeln wachsen. Kriecherlpflaumen sind eher säuerlich, besonders die Schale ist sauer, relativ fest und das Fruchtfleisch löst sich nicht vom Kern. Für das Einkochen zu Marmelade können die Früchte mit einem Kirschenentkerner vorbearbeitet werden. Die Schlehe oder der Schlehdorn (*Prunus spinosa*) wird gemeinsam mit der Kirschpflaume (*Prunus cerasifera*) als Urahne der Pflaume angesehen. Die gesamte Pflaumenverwandtschaft ist – so wie überhaupt Obstlaub – bei vielen Schmetterlingsraupen äußerst beliebt.

Speisepilze

Pilze sind faszinierende Lebewesen und tragen zur bunten Vielfalt eines Selbstversorgerhaushalts bei. Für den Anbau von Speisepilzen braucht es einiges an Geduld, Experimentierfreude und Fachwissen; dafür wachsen sie vielerorts auf der Fensterbank, im Keller, im Garten, auf Balkon und Terrasse. Pilze punkten mit ganz unterschiedlichen Aromen, sie sind nährstoffreich und lassen sich verschiedentlich konservieren. Vor allem die pflegeleichten und platzsparenden Anbaumöglichkeiten, wie etwa auf Holzspänen, Kompost oder Holzstämmen, sind attraktiv. Selbst gezüchtete Champignons, Austernseitlinge oder Shiitake-Pilze aufzutischen ist eine kleine kulinarische Sensation! So gibt es mittlerweile Selbstanzucht-Sets zu kaufen, die sogar in kleinen Kübeln oder im Glas funktionieren.

Diesem wachsenden Trend haben sich auch Magdalena Wurth und Moritz Wildenauer mit dem Waldviertler Pilzgarten verschrieben. Im folgenden Interview geben sie wertvolle Tipps für den Anbau beliebter Speise- und Vitalpilze.

Den Pilzen verschrieben –

ein Interview mit Magdalena Wurth und Moritz Wildenauer vom Waldviertler Pilzgarten

Welche Pilzarten eignen sich am besten für den Eigenanbau im Garten, auf Balkon oder Terrasse und warum?

Es gibt eine Vielzahl an Speise- und Vitalpilzen, die mit guter Anleitung im eigenen Garten, auf dem Balkon oder in einem schattigen Innenhof gedeihen können. Je nach Möglichkeit können die schmackhaften Gesellen auf Holz, Stroh, Strohpellets oder Sägemehl gezüchtet werden. Seitlinge aller Art können beispielsweise im Pilzkübel auf Biostrohpellets angesetzt werden. Hier sieht man bereits nach etwa vier Wochen die ersten Pilze aus dem Kübel sprießen. Wer einen Garten sein Eigen nennt, kann schon eine sehr große Vielfalt an Pilzen anlegen, denn auf Laubholzstämmen gedeihen Shiitake, Igelstachelbart, Seitlinge, Nameko, Reishi und das aromatische Stockschwämmchen besonders gut. Mit einer Ernte von bis zu fünf Jahren ist dabei zu rechnen.

Welche Vorbereitungen sind notwendig, bevor man mit dem Pilzanbau beginnt?

Pilze lieben hohe Luftfeuchtigkeit, Schatten und ab und an etwas liebevolle Zuwendung. Hast du dich für eine Zuchtvariante entschieden, benötigst du das Grundmaterial (z. B. Biostrohpellets) – damit fütterst du später deine Pilze.

Wichtig ist auch das „Pilzsaatgut" namens Mycel. Das kommt in DIY-Sets mit dazu und besteht aus gekochtem, sterilisiertem Getreide, welches mit dem Mycel beimpft wurde. Die Strohpellets müssen dann nur noch mit einer bestimmten Menge an Wasser versehen und mit der Pilzbrut gut vermengt werden. Aus einem Pilzkübel kann man insgesamt etwa drei Ernten erwarten.

Allgemein ist es sinnvoll, sich zu überlegen, mit welchem Aufwand und welchem Material gearbeitet werden soll. Die Zucht auf Holzstämmen bereitet viele Jahre Freude und integriert sich wunderbar in den Garten. Ein schattiger, windgeschützter Platz ist dafür ideal.

Was sind die häufigsten Herausforderungen und wie kann man ihnen begegnen?

Die Umgebung muss passen. Für Indoorkulturen ist beim Wachstum auf regelmäßige, tägliche Befeuchtung zu achten. Dies kann entwe-

Hier wächst der Taubenblaue Austernseitling auf einem Baumstumpf.
© WaldviertlerPilzgarten

Magdalena Wurth und Moritz Wildenauer vom Waldviertler Pilzgarten. © R. Pessl

der durch Besprühen mit einem Wasserzerstäuber geschehen oder durch eine hohe Luftfeuchtigkeit in einem Zuchtbehälter. Dabei muss ausreichend Sauerstoff und eine ideale Luftfeuchtigkeit von 80–90 Prozent bewerkstelligt werden. Im Garten wird mit dem Gartenschlauch bewässert. Eine gewisse Grundfeuchte holen sich die Pilze selbst, da sie 10 cm eingegraben und dadurch ebenfalls pflegeleicht sind. Eine kleine Herausforderung stellt der Erntezeitpunkt dar. Du solltest die Pilze so lange umhegen, bis sie ihre maximale Größe erreicht haben, aber nicht überreif sind. Dies kann man beispielsweise an der Hutkante erkennen, die noch etwas nach innen geneigt sein sollte. Falls Pilze stark aussporen, sollten sie schnell verarbeitet werden.

Welche Rolle spielt die Wahl des Substrats und welche natürlichen Materialien eignen sich besonders gut?

Grundsätzlich sollte die Nahrung für Pilze aus biologischer Herkunft stammen. Auch bei der Pilzbrut solltest du dich vergewissern, dass sie aus biologischen Zutaten besteht. Bei der Zucht auf Baumstämmen verwendet man fast ausschließlich Laubholzarten. Je härter das Holz, desto länger kannst du mit Pilzen rechnen. wBuche, Eiche und Birke sind besonders ertragreich. Die Pilzart sollte auf die Baumart angepasst werden – so wachsen Seitlinge gern auf Buche, der Shiitake gern auf Eiche und der Samtfußrübling gern auf Weide oder Nussholz. Alle Materialien enthalten Zellulose, Hemizellulosen und manchmal auch Lignin. Die Pilze haben sie zum Fressen gern.

Was ist euer wichtigster Tipp bezüglich der laufenden Pflege?

Egal, welche Pilzprodukte gekauft werden, eine genaue Anleitung sollte Aufschluss über das Ansetzen, die Pflege und Ernte geben. Natürliche Prozesse benötigen etwas Geduld. Daher nicht gleich verzweifeln, wenn nicht sofort alles klappt. Pilze überraschen gern und fruchten dann, wenn es ihnen beliebt.

Wie beeinflussen das Klima und die Jahreszeit den Pilzanbau, und welche Anpassungen kann ich vornehmen?

Für Pilzkulturen, die im Außenbereich wachsen sollen, sind Schatten und Windschutz wichtig. Natürlicher Schatten von Bäumen und Sträuchern ist ideal, aber auch ein kleines Schattendach aus Bambus oder Schilf kann zusammengezimmert werden. Falls kein Erdboden vorhanden ist (im Innenhof oder auf dem schattigen Balkon), dann können Erdkulturstämme auch in große Töpfe gesetzt werden. Da die Pilzkulturen dann fast täglich im Blickfeld sind, kann die Pflege sehr gut durchgeführt werden. Das Klima und die Jahreszeiten haben jedenfalls Einfluss auf den Pilzanbau. Wohnst du in einer wärmeren Gegend, wirst du eher Pilzarten auswählen, die an Hitze gewöhnt sind. Der Zitronengelbe Seitling oder der Rosa Seitling gedeihen besonders gut in wärmeren Klimaten. Wenn du diese Pilze in kälteren Regionen anbaust, fruchten sie auch – nur eventuell etwas zeitverzögert (z. B. später im Sommer). Du kannst mit robusten Pilzarten wie dem Waldviertler Seitling (Pleurotus ostreatus) beginnen, dieser fruchtet fast immer und überall. Wenn du schon etwas Erfahrung gesammelt hast, kannst du auch pflegeintensivere Arten wie den Igelstachelbart ins Repertoire aufnehmen.

Appetit auf mehr?

Falls du Lust auf mehr Gartenwissen bekommen hast, dann bietet dir folgende Sammlung weiterführende Informationen.

Unsere drei Web-Plattformen

bieten dir eine umfassende Entscheidungshilfe bei der Auswahl von Bäumen, Hecken sowie Pflanzenstärkungs- und Pflanzenschutzmaßnahmen.

www.willbaumhaben.at
www.willheckehaben.at
www.gartentelefon24.at

Auf www.naturimgarten.at findest du eine umfangreiche Sammlung an Videos, Podcasts, Infoblättern und Broschüren zu unterschiedlichsten Gartenthemen.

Unter +43 2742 74 333 steht dir unser „Natur im Garten" Telefon zur Seite.

Wenn du ausrechnen magst, wieviel Erde du für deine Töpfe und Kübel benötigst, kannst du den Erdvolumenrechner **www.gartengnom.net** verwenden.

Zum Weiterlesen empfehlen wir:

- Beiser, Rudi: Unsere essbaren Wildpflanzen. Bestimmen, sammeln und zubereiten. Kosmos Verlag, Stuttgart, 2014
- Dietrich, Gregor: Obstraritäten im naturnahen Garten. Cadmos Verlag, 2015
- Engwert, C.: Indoor Ernte: Es geht auch einfach! Kosmos, 2021
- Fortier, J.-M.: Biogemüse erfolgreich direkt vermarkten. Löwenzahn in der Studienverlag GmbH. 2017
- Haßler, D.: Fensterbrettgarten. Löwenzahn Verlag in der Studienverlag Ges.m.b.H., 2024
- Heistinger, A.: Handbuch Bio-Balkongarten. Löwenzahn Verlag, 2012
- Heistinger A., Arche Noah: Basiswissen der Selbstversorgung aus Biogärten. Löwenzahn in der Studienverlag GmbH. 2018
- Kullmann F.: Hoch das Beet!: Der Hochbeet-Jahresplaner. Gewusst wann! Gärtnern nach dem phänologischen Kalender. GRÄFE UND UNZER Verlag, 2017
- Modery, A.; Kötter, E.: Buch Kompost für alle Zwecke. Cadmos Verlag. 2015
- Palme, W.: Ernte mich im Winter. Löwenzahn Verlag, 2019
- Schattling, B.: Mein genialer Bio-Balkon. Verlag Eugen Ulmer, 2023
- Tatschl, Siegfried: 555 Obstsorten für den Permakulturgarten und –balkon/planen, auswählen, ernten, genießen. Innsbruck: Löwenzahn, 2015
- Wurth M.; Wildenauer M.: Pilzgeflüster. Löwenzahn Verlag, 2019